U0138940

凝煉知識品味閱讀

凝煉知識品味閱讀

觀光書系

服務品質管理

中華民國觀光導遊協會名譽理事長 林燈燦 著

五南圖書出版公司 印行

袁 序

觀光產業在二十一世紀已成為許多國家經濟發展的重要指標之一，依據世界觀光旅遊委員會（WTTC）統計2000年全球觀光人數有一億九十二百二十一人，約占總體就業人口的十二分之一，而觀光旅游活動更呈現多元豐富的風貌，綜合了宗教、冒險、商務、運動等多元型態的結合，地球村村民的互動，亦趨頻繁熱絡。在觀光產業以服務為本，「服務品質管理」已成為觀光旅遊業最重視之一環。

林燈燦老師在旅遊業界已有幾十年的實務經驗，在教學之餘，進修寫作，博覽群書，將所學及實務經驗整理成書，傳授下一代，並提供了社會人士參考，其求學之精神與毅力，實令人欽佩。

林老師書中自服務的定義開始由淺入深，將服務業的品質管理帶至餐飲業、旅館業、航空業及旅行業，立論正確、資料豐富、廣徵博引，使人易學易懂，為服務業經營管理之良書。

本人鼓勵本校老師著書發表論文，林老師在課餘時間努力寫作，令人感佩，願爰之為序。

袁保新

醒吾技術學院校長

2002年12月25日

自序

近年來從產業變化趨勢來看，服務業快速成長，所占生產毛額比例不斷擴增，就業人數遠超過工業與農業，將成為二十一世紀經濟體系的主幹。

唯消費者意識抬頭，對服務品質的要求日益提高。品質管理係開拓企業的遠景，建立優良的商譽，創造經濟前途的重要課題；又因產品之不可觸摸性、不可儲存性、品質不穩定性、生產和消費之同時性、產品差異化的困難性與勞力密集性等，故應格外重視服務品質管理。

目前，坊間品質管理或管制的大作都偏重於製造業，而有關服務業品質管理的書籍不多。筆者自民國六十年從事旅遊服務業迄今三十餘年，與觀光旅遊有關企業之接觸機會頻繁，對服務品質管理之重要性體驗甚深。為了增進本身的知能與公司、協會在職業訓練講授之需，歷年來研讀不少中外有關服務品質管理之書籍與論著，適醒吾技能學院觀光系二技從九十學年度起開了「服務品質管理」課程，感謝卓主任文倩之提攜得以講授，經兩學年的授課與講義的重新整理，始能如願出版本書。

本書共分十一章，第一到七章敘述服務的定義、服務品質的概念、服務品質與顧客滿意度、服務品質管理、服務業的品質管理與發展趨勢等基本概念；第八到十一章，針對觀光旅遊服務業相關企業——旅館業、餐飲業、航空運輸業、旅行業之服務品質管理分別加以闡述，希望在經營的實踐與學術研究上有所貢獻。

筆者才疏學淺，難免有不成熟與謬誤之處，抱著拋磚引玉的心情，衷心期盼各位賢達與先進不吝指正，是所至禱。

林燈燦　謹識

2002年12月

再版序

民國93年11月10日行政院會議通過「服務業發展綱領及行動方案」，以服務業發展再創臺灣經濟奇蹟為願景，並以提高附加價值，創造就業機會為二大主軸。讓「臺灣服務」（Served by Taiwan）成為臺灣經濟的新標誌，與「臺灣製造」（Made in Taiwan）同享國際盛名，唯服務業發展中從優劣勢分析面臨的問題中存在著對服務他人的觀念較為缺乏。

非常欣慰《服務品質管理》發行以來，荷蒙各大專校院惠予採用為教科書、各大企業作為員工在職訓練的教材，並承多才賢達不吝惠賜建言與提供寶貴之相關資料，敬致最誠摯之謝忱。

本次再版，將過去校對疏失之處予以訂正，並將一些統計資料，及部分參考資料更新，希望能提供較新的資訊，成為提升服務品質實際作業較佳之範本，乃筆者最大的期望。本書再版感謝五南圖書公司黃惠娟副總編輯的支持，以及責任編輯陳姿穎、李美貞小姐的校稿與編排。本書再版仍祈各位先進能繼續指正，至深企盼。

林燈燦　謹識

2009年元月

CONTENTS

目　錄

圖目錄

表目錄

第一章
緒　論

摘　要

「服務」通俗說是「幫助別人解決問題」，是「去做」或「執行」的一種活動。是對人的尊重，對自我的肯定，熱愛社會國家，是一種整體的感受，是行動，是提供的各種活動、利益及滿足。

服務是一種態度，對待別人的態度：尊重的態度、體諒的態度、接納的態度，是一種對待自己的態度。服務是一種情緒最優美的表達，是一種倫理。

服務有五大特性：1.無形性、2.易逝性、3.不可分割性、4.異質性、5.顧客在服務過程中的參與。更具有各項基本特色：1.一般都屬勞力密集行業、2.提高顧客滿意度、3.使服務的功能具體化、4.即使相同的服務，依顧客不同，評價也互異。

「服務」代表了一種新的社會經濟行爲和觀念，係指「生產工礦業產品的產業以外的其他企業」，原則上凡是所有的第三級產業都可以稱之爲服務業。

服務業已經成為二十一世紀的主導產業，在各國經濟活動中所占比重極高，我國產業結構中占就業人口之58.53%[1]。然而服務的涵義為何？服務業又是怎樣的一個行業，首先予以說明。

1 行政院主計處2006年9月。

第一節　服務的定義

「服務」代表了一種新的社會經濟行為和觀念，也是一種很複雜的現象，現代的人們都必須接受服務、依賴服務，世界各國有關服務概念的界定很多。茲將服務的定義，依國內、外學者專家的意見，分述如下：

一、國內部分

楊錦洲（2002）：服務（Service）是服務提供者提供其技術、專業、知識、資訊、設施、時間或空間等給顧客，以期為顧客辦理某些事情，解決某些問題，或者娛樂顧客，服侍顧客，讓顧客心情愉悅，身體舒暢等等。[2]

劉麗文、楊軍（2002）：從產出的角度可以把服務定義為，顧客透過相關設施和服務媒介所得到的顯性和隱性效益的完整組合。

以會計服務為例，顧客從服務中得到的顯性效益是對現金流入與流出的監控；隱性的效益，則是即時、安全、保密、靈活地對個人財務狀況加以把握，從而形成的良好感受。相關提供設施是結算系統，而服務的媒介則是支票、單據等有關文件。[3]

高清愿（1998）：服務就是對人的尊重、對自我的肯定，熱愛社會國家；中國的俗諺「助人為快樂之本」，服務的本質就是在協助別人。[4]

劉水深（1981）：認為服務是一種可單獨辨別的無形活動；當行銷給消費者或工業用戶時可滿足其欲望，且不必與其他產品或服務之銷售有所關聯者。[5]

[2] 楊錦洲（2002），《服務業品質管理》，品質學會，p.3。

[3] 劉麗文、楊軍（2002），《服務業營運管理》，五南圖書公司，p.16。

[4] 高清愿（1999），《『團體服務，夢想昇華』服務高手》，時報文化出版企業公司，p.7。

[5] 劉水深（1990），《產品規劃與策略運用》，自發行，p.239。

吳武忠（1999）：服務是一種整體的感受，亦即服務是顧客購買東西所認知到廠商的所有行動及反應、公司及其員工的整體表現。[6]

王勇吉（1997）：服務是指以勞務來滿足消費者的需求，而不涉及商品的轉移，或商品雖有移轉，但並非是其主要的作用者。

二、國外部分

小林宏（1988）：認為服務是行動（Play）。其目的有二：其一係為自己，即讓別人認定你的存在，認定你的價值與力量；另外，係為他人，考慮他人的立場，為他人之利益著想，因此行動是幫助別人的型態。[7]

近藤隆雄著、陳耀茂譯（2000）：所謂服務是指為人或組織體帶來某些效用的一種活動，活動本身是市場的交易對象。

野村清先生定義為：所謂服務，是指供人、物、系統發揮其機能以達到其效性。機能即為「服務」。[8]

品管大師杜蘭（Juran, 1986）：將服務定義為「為他人而完成的工作」（Work performed for someone else）。[9]

行銷學者Kolter（1991）將服務定義為「只是一項活動或利益，由一方向另一方提供，本質上是無形的，接受完服務後也不會產生所有權的轉變，服務不一定要依靠實體才能產生。」[10]

Dorothy I. Riddle（1986）**和 Leonard L. Berry**（1984）：服務與普通商品的最大區別，在於它主要是一個過程、一種活動。製造的產出是一種明確可得的有形商品，而服務則是從了解顧客的需要，到採取行動去滿足其

---

[6] 吳武忠（1999），〈餐旅服務品質之管理與控制〉，《高雄餐旅學報》，第2期。高雄餐旅學院，p.21。

[7] 小林宏（1988），《サービス學》，產業能率大學出版部，pp.6～7。

[8] 近藤隆雄（2000），《服務管理》，青泉出版社，p.34。

[9] J.M. Juran (1986), A Universal Approach to Managing for Quality, *Quality Progress*, pp.19～24.

[10] 同註2，p.2。

需要，並最終贏得顧客滿意的一個完整過程，這一過程的產出是無形的，不可觸及的，而且過程本身包含顧客的參與。[11]

傅云新（2005）：服務是發生在特定經濟發展階段的無形性活動，服務的供需雙方通過互動關係得到了各自的利益滿足，但總體上不涉及所有權的轉移。對服務提供者而言，互動過程的核心內容需要一定的支持設施，服務可能或不可能與物質產品相連，但服務的結果卻是不可儲存的，對服務接受者而言，可能並不會得到實體結果，服務更注重心理和精神感受。[12]

三、其他

1. 美國行銷協會AMA（1984）：將服務定義為——用以直接銷售或配合貨品銷售而提供的各種活動（Activities）、利益（Benefets）或滿足（Satisfactions）。服務可包括：

   ⑴與其他財貨無關而可以單獨銷售之無形活動，如法律諮詢服務。

   ⑵伴隨有形財貨所提供之無形活動，如運輸服務。

   ⑶與產品或貨品配合購買之無形活動，如設備維修。

2. 日本通產省產業政策局服務產業官（1989）指出；服務是以個人或群體方式去幫助和促進其他的個人或群體實現其目標的行為。[13]

3. ISO國際標準組織（品質學會，1992）：對服務的定義為，供應者在與顧客介面上的活動，以及供應者內部活動所產生之結果，以滿足顧客的需求均屬之。

小林宏將服務稱為一種Play，其目的是「為自己」、「為他人」二者予以要約。同時將動機也以「自己主張動機」、「自己超越動機」兩者加以界定。

11 劉麗文（2002），《服務業營運管理》，五南圖書出版公司，p.17。

12 傅云新（2005），《服務營銷學》，華南理工大學出版社，p.9。

13 事務、營業、服務的品管小組（1986），〈服務的品質管制〉，《品質雜誌》，第5卷，第4期，p.59。

自己主張，是強調自己；自己超越，是抑制自己與別人同步之意。動機之不同，Play的方式就不一樣，例如：很得意、傲氣就是自己主張動機的行動；順從、卑屈是自己超越動機的行動。然則，行動是由上述二者極端不同的目的與動機組合而成（圖1-1）。

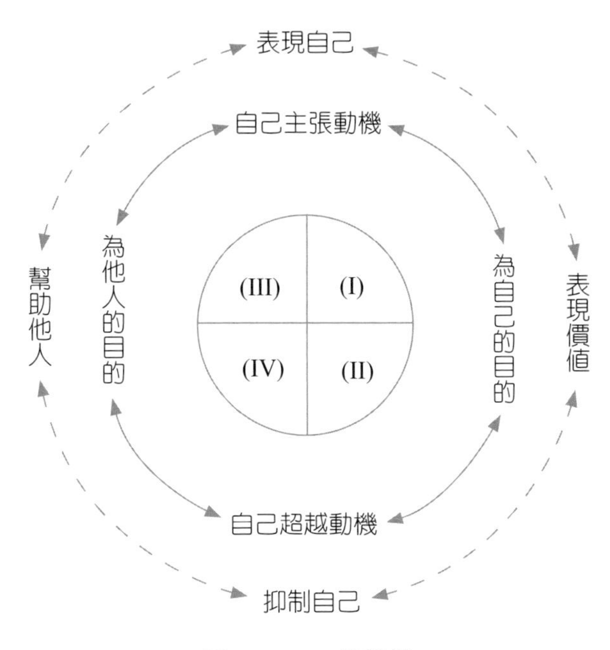

圖1-1　Play的結構

資料來源：小林宏（1988），《サービス學》，p.8。

首先，該圖從目的的觀點，可以區分為右、左半球。右邊是「為自己的目的」行動的領域，左邊是「為他人的目的」行動的領域。至於動機的觀點分為上半球與下半球。上半球係自己主張動機的行動領域，下半球是自己超越動機行動的領域。即，右半球的行動，具體上「表現自己的能力與價值」的態度；左半球的行動，同樣是「幫助別人」的態度。又，上半球的行動是「表現自己」，下半球係「抑制自己」的型態。行動就是目的與動機的組合，是這種構造內容之人的行為。

服務可以說是第（Ⅰ）型態的行動，因為，服務係為自己的目的，表現自己價值的行動。所以，要讓別人了解價值，行動必須特別下工夫或努力不可。就是服務要積極、要正面（Positive）。服務是要讓別人了解你價值的特別努力之行動。[14]

服務——Service是從拉丁語Servitium而來，如奴隸、奉公（侍候）的意義。用心是服務最基本的概念，必須是積極的，讓別人了解價值的特別努力行為。

辭典記載有關服務（Service）的涵義計有：⑴幫忙、協助、盡心效勞、照顧、奉獻；⑵有益的事、有用、援助。[15]

綜合上述國、內外學者意見，可以歸納出服務不僅是包括心理問題，同時亦為具體行動的問題（並不是指真正的行動，而是以輕鬆愉快的態度表現出適當的行為）。[16]

服務是一種整體的感受，亦即服務是顧客購買東西所認知到廠商的所有行動及反應。在餐旅業服務是由人提供給顧客（如餐廳服務員提供餐食給客人），或是藉由某些系統的設計來服務顧客完成某些需要（如透過旅館客房內的電視系統完成結帳的動作）。在此定義下服務強調的是顧客的整體經驗。事實上從顧客的觀點，服務是一公司及其員工的整體表現。

服務是一種態度，態度包括許多的事物，如「關懷別人的態度」、「願意助人的態度」……等。服務是一種過程，有過程方能使目標得以完成，也因為有過程才有衡量的標準，一旦方向有異，隨即可以馬上加以改善，回歸正軌。

服務是為顧客做他喜歡及想要之工作。甚至有專家學者認為所謂卓越

---

14 同註7，pp.8～12。

15 楊德輝譯、石原勝吉著（1991），《服務業的品質管理（上）》，經濟部國貿局，p.22。

16 謝森展（1987），《服務業指南——促銷服務的規則與實施》，創意文化事業公司，p.3。

的服務乃是可以帶給顧客驚喜、樂趣、意想不到、好玩、關心、娛樂……等。

迪斯耐公司對卓越服務品質下了一個很簡單，但意義深遠的定義：「越過顧客期望，重視細節工作」。

服務即「己所不欲，勿施於人」（What you do not want done to yourself, do not do to other.），「給予他們所企求的，而不是我們要給他們什麼（Give them what they want, not what we want to give them.）。總之，筆者認為：

1.服務是消除顧客不安的行為。
2.服務是解決顧客難題的行為。
3.服務是產生顧客愉快的行為。
4.服務是提供顧客方便的行為。
5.服務是滿足顧客希望的行為。

服務的收穫是得到對方的信賴或尊敬。

第二節　服務的內涵

服務除了是行為的付出，更是一種態度的呈現，一種同理心的極致表現。這種同理心表現出來的就是對人的尊重、對自我的肯定、熱愛社會國家。

一、服務是一種態度

服務不只是動作，更是態度。把規定的動作一絲不苟做完、熟練且有效率地執行一切動作就是最好的服務，此話確有幾分真實，但嚴格說來，這還不是服務的全部內涵，只能算服務的基礎。真正的服務應該是一種態度，動作加上態度才是服務的全部，服務不是純動作導向，更是態度導向。

(一)服務是一種對待別人的態度

許多人想到學習或加強服務時，以為就是如何在工作上多花點巧思、增進工作的技巧、注意禮節，事實上更重要的是提供服務者要養成平常對待別人的態度與習慣。

1.尊重的態度

不論服務人員具有高水準的專業知識與熟練技巧，但假設在服務過程中顯出不屑的態度，顧客一定對此服務很不滿意；反之，雖然在服務時表現出不夠專業或熟練，但卻非常誠懇用心，讓你感受到很被尊重，你多半都會覺得滿意，因此，我們可以說：「服務是一種尊重別人的態度。」

不過這並非說專業素養不重要，有高度的專業素養而又能尊重別人，絕對是一流的服務者。有時，以新進和資深服務人員作比較，顧客竟然會被新進的服務人員所感動，對資深人員表面上雖然沒有太大的不滿，但是並無很高的評價，甚至未能博得好評，就是由於這種原因。

2.體諒的態度

當我們接受別人服務時，最希望對方表現出來的除了尊重的態度外，其次就是體諒的態度。當我們尋求別人的服務時，第一最怕別人笑我們笨，因此需要有被尊重的感覺；第二最怕別人嫌我們煩，因此，提供服務的人要讓人感覺秉持體諒的態度。

3.接納的態度

當我們服務別人時，要從心裡接納這個人，然後才有可能提供上乘的服務。

接納顧客的外表，不管他的長相如何；接納顧客的個性，不管他脾氣如何古怪；接納顧客所提出的服務需求，當然不能違反道德與法律。

要培養自己增加接收幅度，達到最寬廣的地步。即先接納你自己、訓練你自己：

(1)閱讀：養成不斷學習的習慣，充實新知、擴展視野。

(2)欣賞：放慢生活步調，養成欣賞的習慣。要體會什麼是服務，就要學習欣賞人的創意與作為。

(3)嗜好：要有長期持之以恆，能寄情而正當有益的嗜好。嗜好與欣賞有異曲同工之妙，欣賞是針對「人」，讓我們喜歡「人」；嗜好是針對「人生」，讓我們能享受「人生」，從而也才會樂於讓別人也能享受「人生」，才能讓我們樂於為別人服務。

㈡服務更是一種對待自己的態度

唯有我們能正確地對待自己時，才能正確地對待別人、為別人服務。不過服務別人有兩大類型忌諱，第一就是極端守身如玉型，另一類是極端豪放型。此乃是指待人接物的觀念與習慣。茲再詳述如下：

1.極端守身如玉型

就是愛護自己過頭者，只顧自己的權益、自己的得失、過分愛惜自己，相對也就過分漠視他人，顧客終究會察覺到你的服務是很差勁的，同事之間會覺得你很自私、不合群。

2.極端豪放型

與前者恰恰相反，因為這種人粗枝大葉到某種程度，不只不懂得處處先為自己設想，而且也不懂得處處先為他人設想；他不拘小節，以為別人也不拘小節，他不計較得失，以為別人也都應該不計較得失，顧客仍然不一定會對這種服務感到滿意。該類型也不是好的服務人才。

我們可以透過改變對待自己的方式以及加強自我管理來突破。例如守身如玉型的人，可以嘗試去做一件完全利他的事，然後觀察事後產生的效果以及自己心境的改變，相信會給你意想不到的收穫；又例如豪放型的人，可以嘗試使自己一個上午（或一個下午）都不說話（至少不主動說話），安靜坐在自己座位上，專心地完成一件你早該完成的事，然後仔細回想這個上午（或下午）你的心境與完成後的愉悅，每週一、兩次這樣訓練自己，你就會漸入佳境。總之，每個人都有服務別人的潛力，問題是不為也，非不能也。

因此我們也可以說，服務其實就是一種人生觀，一種服務的人生觀，一種我為人人（服務）、人人為我（服務）的人生觀，也就是服務的態度。

二、服務是一種情緒

服務不但是勞心兼勞力的勞動，更是情緒的勞動。

㈠服務是情緒的勞動

當我們提供服務時，不只是提供勞力、技能或腦力、專業給顧客，更是提供一種情緒和氣氛。如果當你情緒低落時，絕對無法提供好的服務，甚至無法繼續「服務」。

以餐飲業為例，不只是提供伙食（勞務）給顧客，也不只是提供料理（專業）給顧客，更應該提供進餐的情緒（氣氛）給顧客。以現代社會所要求的標準來看，單純提供上等料理的餐廳算不上是好餐廳，還要能提供與其料理同等級的氣氛才是好餐廳。

服務不單是提供情緒的一種勞動，根本就是以情緒為動能。情緒高昂時看任何人、事、物都很順眼，都可以接納，會很願意為對方服務；否則，當情緒低落時，就缺乏為人服務的動能，看任何人、事、物都不順眼，一定無法為別人服務。所以要對服務能有正確認知，必先知道服務是一種情緒，是一種情緒的勞動，也是最高品質的勞動，這樣才能以服務為樂、以服務為榮，也才能以服務為業。

㈡服務是情緒最優美的表達

服務不只是一種情緒，其實更是人類情緒最高層次、最優美的表達，是美的極致。就應該像一朵盛開的花，對任何人、在任何光景下，散發美麗與芳香，都是笑臉迎人。

三、服務是一種倫理

㈠服務是最好的人際關係

人際關係多半都是在溝通與表達方面出問題，如果溝通與表達方面非常順暢，人際關係就會良好。服務既然是一種情緒最優美的表達，當然可以帶來美好的人際關係。

如果你到一家餐廳用餐，固然有現成的菜單，但懂得顧客心理的服務人員一定不會只把菜單丟給你就讓你自己去摸索，他會與你討論，提供給您一些建議，讓你享受一餐價廉物美的料理。這才是上等的服務，也是人際間良好的互動。

㈡服務也是最好的群己倫理

服務讓人學習合作，成為合群的人，因為服務是不能唱獨角戲的，一個人明星式的服務，即使一時之間彷彿能成功，終究必會失敗。參與服務的人也必須通力合作，群策群力，大家彼此互相尊重；這樣長期運作下來，當然可以恢復人群群居生活的本能，使整個團隊的群己關係非常良好，團隊中的每個成員也必須具有最好的群己倫理，才能發揮最佳的團隊精神。

其實服務本身就是最好的群己倫理，以職場群體為例，不論對上司、同事或部屬，服務都是最理想的互動模式，近來的管理學說都一再強調以服務代替領導，更認定服務型的領導是未來的趨勢。如果以服務觀點，用支持型領導取代威權型領導，整個群體中的倫理就會健全，因此，服務就是最好的群己倫理。

再者，就整個社會而言，如果社會中每個人都能熱心服務別人，而不是坐著等待別人來服務，或者至少是願意起而服務別人的人，遠超過坐等別人來服務的人，這個社會必定和諧安定。但反之則社會必定紛擾不安（因為大家都動口不動手，都期待別人做什麼，而自己什麼也不做）。所以服務的確是最好的群己倫理。[17]

第三節　服務的特性

服務與貨物之間的區別主要源自服務有下列五大特性：

一、無形性（Intangibility）

顧客在購買一般貨物具有實體的尺寸與屬性，而服務卻看不見，摸不到，嘗不著，也無法加以衡量，接受服務的人只能藉著觀察體驗，才能夠體會到該項服務的優劣。

旅客購買一趟旅遊產品，只有乙份行程表及旅遊條件書，住宿飯店的設備、餐飲的內容、領隊的服務態度與導遊人員的解說知能都無法事先加以評定，服務是非實體產品，因此，服務很難得到專利或版權，當然也就難以避免他人輕易地模仿或改造競爭對手的創意，所以，購買必須以對服務提供者的信心為基礎，信譽與口碑是企業生存的重要條件之一。

二、易逝性（Perishability）

服務無法加以儲存，此種特性即為易逝性，不使用時就會永遠消失，如一個空機位、一間客房，如果沒有及時的善加利用，即賣不出去的服務是不可能囤積，因此，服務產能的充分使用是管理上的一大挑戰。

服務業首重提供服務的能量，而不是產量的多寡。「難以保存」這個概

[17] 李良達（1998），《服務高手》，時報文化出版公司，pp.21～44。

念的涵義即在於業者必須確保其服務能夠需求與供給一致。

三、不可分割性（Inseparability）

一般實體商品都是先在工廠裡製造生產，然後再銷售，消費者再依個人所需選購使用。服務的製造與消費之間沒有時空差距，它們是不可分離的，服務類商品只存在於買方與賣方之間的互動，且生產與消費是同時進行的（Simultaneous production and consumption）。

所謂的「不可分割」，其涵義可概分為以下幾個層面：1.服務無法先在某處製造，然後在其他時間再運送至他處供顧客消費。參加一次旅遊的產品，只有跟著該團體或按照該提供的行程行動，才能享受到該次旅遊的樂趣。2.銷售服務性商品是直接的。服務性商品的銷售員與顧客之間並沒有其他媒介，例如一位領隊或導遊對旅客的服務是直接的，絕不能透過第三者的媒介達到解說導覽的服務。3.人們得到該商品製造出來之前就付出代價。

服務的這種特性使得服務品質不可能預先「把關」；設施能力與人員能力的規劃必須能夠因應顧客到達的被動性，使得服務的「生產」與「銷售」能夠適切的進行。

四、異質性（Heterogenity）

由於服務具有不可分割的特性，服務產品不可能事先按照特定的標準來製造出某項服務，且所有由人製造、消費的服務性商品都可能無法維持均一的品質。服務提供者、服務時間、服務地點……等都是服務異質性的來源。甚至即使是同一個服務人員提供的服務，也可能因為不同的旅客而有所不同，總而言之，顧客的需求是因人而異的。

優秀的服務供應商會嚴加訓練員工的服務方式，如旅行社的導遊與其領隊人員，均須恪守工作相關的準則，然而，這些訓練並不能保證他們在接待服務旅客時都能保持親切與熱誠，導遊正在做的導覽解說內容可能亦無法滿足所有旅客的需求。

但是每一個服務業者面臨的重要課題，仍然在於貫徹例行準則，進而確保服務品質的一致性，如果能減少過程中的人為因素，情況或許可以有所改善，然而不愉快的服務人員，由於代表公司與顧客接觸，所以無形中可能會傷害到顧客，影響到公司的信譽。因此服務經理人必須關心員工的態度就如同員工績效，如 Marriott Hotel 創辦人所言，在服務的企業中，沒有快樂的員工就沒有快樂的顧客，所以必須注意員工福利。[18]

五、顧客在服務過程中的參與（Participate）

製造業、工廠與產品的消費者完全隔離，而在服務，「顧客就在你的工廠中」。在很多服務過程中，尤其是旅遊服務，顧客自始至終是參與其中，這種參與將產生兩種結果，促進服務的進行和妨礙服務的進行。

品質管制對於服務業來說與製造業可使用的方法完全不同，服務業無法在過程中多次檢查和控制，防止不良品送到顧客手中。因此在服務營運中，必須設法做到在提供服務的同時確保品質。故加強員工培訓以提高其工作知能和服務道德修為相當重要。[19]

綜合言之，為他人做事而收取費用的服務產品，同時具有下列特色：

1. 服務是在提供的當下產生的，無法事先生產。
2. 服務是沒有辦法集中生產、檢查、儲備或庫藏。通常都是在顧客所在的地方，由一些未受管理階層直接影響的人所提供。
3. 這項「產品」無法展示，也沒有樣品可以在服務執行之前，先提供給

[18] 許淑亮、陳慧姮譯（2003），《服務管理》（第三版），高立圖書有限公司，p.29。

[19] 劉麗文（2002），《服務業營運管理》，五南圖書出版公司，p.22。

顧客參考。

4.接受服務的人，得到的大都不是具體的東西，服務的價值在於其個人的體驗。

服務是一種商品，但它與一般貨品之區別依 Christopher（1991）之見，有下列七點：

1.是種自然產品。

2.在製造過程中與顧客有較多的互動關係。

3.人員是產品組成的一部分。

4.較難保持一定的品質標準。

5.無法儲存。

6.與時間因素發生密切關係。

7.在整個過程中，屬於傳送部分。

他亦指出服務是一種過程（Process）或一種表現（Performance），而不僅僅是「一件事」。而此過程包含有輸入及輸出。[20]

第四節　服務業的定義與分類

服務業係指「生產工礦業產品的產業以外的其他企業，原則上凡是所有的第三級產業都可以稱之為服務業。」[21]

茲將中外有關服務業之分類分述如下：

一、日本總理府總務廳統計局在其商業設計調查報告中，將服務業分為三類：

[20] Christopher H. Lovelock (1991), *Service Marketing*, 2nd ed., NJ: Prentice Hall, Englewood Cliffs, pp.7～13.

[21] 同註15，p.2。

㈠商業服務業

1.與商品有關者：如批發、代理、道路貨物運輸、海運、空運、倉庫、修理業等。

2.與商品無關者：如銀行、信託、農林水產、金融業等。

㈡個人服務業

1.與商品有關者：如雜貨、專業零售業、飲食店、汽車、家電銷售店等。

2.與商品無關者：如不動產、理容、旅遊、旅館、娛樂、電影等。

㈢公共服務業

如社會保險、社會服務等。

二、石原勝吉把服務業定義為「製造業以外的其他行業」。分為：

㈠教育服務

學校、家教班、補習班、職業訓練、企業管理顧問公司、專辦研討會的公司、各種教育訓練課程安排的服務等。

㈡商業服務

百貨公司、超級市場、消費合作社、貿易公司、特約代理店、經銷商、批發商、零售店。此外最近這幾年相當盛行的郵購、電話購物等新式商業活動也涵蓋在內。這類服務業有朝向連鎖店發展的趨勢。

㈢醫療服務

短期住院健康檢查、醫院、醫療諮詢中心、衛生所、診所、助產士及護士派遣中心等。這個行業中也有一貫作業的業務，透過QC（Quality Control）圈活動和醫療小組進行研究。

㈣運輸服務

民營鐵路、JR（日本國鐵民營化後六家公司的統稱）、航空公司、國內外輪船海運公司、渡輪、高速公路各區段的服務、卡車搬運（送貨到家、行李託運、搬家公司等）、海外旅行的家庭服務、國內兒童VIP

服務等，各種新興服務項目不斷精心設計出來。

㈤通信服務

如日本通信專業廠商的日本電信電話公司（NTT）、國際電話電信公司、電話通訊銷售服務。未來的通信服務網路如VAN（附加價值通信網路Value-Added Network）、CAPTAIN（文字圖像資訊網路系統Character and Pattern Telephone Access Information Network System）等等，是今後服務業的成長行業。

㈥資訊服務

包括各種出版業、書店的連鎖經營、廣播、電視、錄影帶租售業、報紙、文化資訊中心、電腦的軟體、VAN、就業情報、住宅情報及廣告業務等等。這些同時也是今後最急需加強推展品質管理的領域。

㈦保管服務

包括倉庫、投幣式存物櫃、車站行李暫存、銀行的保險箱出租等。停車場應該也算保管業的服務範圍。

㈧金融服務

包括銀行、信用合作社、合作金庫、郵局、保險、信託及租賃。另外電器產品的分期付款及建設公司的房屋貸款應該也歸類在這項服務範圍。

㈨旅館服務

旅館、觀光飯店、一般旅社、自助旅行青年招待所、國民休閒渡假村、國民宿舍、家庭旅社、各企業的渡假中心、溫泉療養設施、健康休閒中心及醫療溫泉中心等。這類場所除了應重視的品質之外，尤其是靠人才能提供的服務品質，更有加強管理的必要。

㈩餐飲服務

飯店、餐廳、家庭餐廳、高級西餐廳、日本式酒館，以及站食麵連鎖店、牛丼飯連鎖店、漢堡連鎖店、熱騰騰便當壽司連鎖店等。依該店的消費對象，以「不必等待」或「豪華高級」、「感性精緻」等各種服務來滿足顧客。另外，酒吧、俱樂部或許也應歸此類較合適。當然，JR新幹線及特快車上的餐車也包括在此範圍。

(十一)修理、保全服務

修鞋、修傘、修房子、修家電產品、汽車、家具等。而保全、維修服務則有：電梯、電扶梯、火災警報器的檢查、修理、供修理船的船塢、飛機修護廠皆屬之。另外，以保全的立場來看，自來水和電力公司的維修也應納入此範圍。

(十二)人才派遣服務

家事助理（女傭）、護理服務（照顧病人）、家庭教師、專門技能（會計、電腦輸入、大樓管理、保全）職員的派遣；此外有接待隨員、祕書翻譯人員、打工女招待等的派遣服務。[22]

三、美國國民所得統計（National Account）認為不屬農業、礦業、製造業和營運業四個生產部門的產出，均屬於服務業部門：

㈠分配性服務

如躉售、零售、通信、運輸與公用事業。

㈡生產者服務業

如會計、金融、管理與營建工程業。

㈢消費者服務業

如餐廳、旅館和遊憩場所。

㈣非營利性政府服務業

如教育、衛生保健等。

四、根據2001年第七次修訂的「中華民國行業標準分類」，服務業包括：

1.批發及零售業。

22 同註15，pp.6～8。

2.住宿及餐飲業。

3.運輸、倉儲及通信業。

4.金融及保險業。

5.不動產及租賃業。

6.專業、科學及技術服務業。

7.教育服務業。

8.醫療保健及社會福利服務業。

9.文化、運動及休閒服務業。

10.其他服務業。

11.公共行政業。

五、根據美國統計局（U.S. Bureau of Census）1999年的定義，服務業包括：躉售與零售交易、運輸與倉儲、資訊、金融與保險、房地產與租賃、專業與科技服務、公司與企業管理、行政支援與廢棄物處理、教育、醫療與社會救助、藝術娛樂與創作、膳宿服務、公共行政以及其他等共14項。

六、根據國際標準分類系統（International Standard Classification System），服務業也可分為四大部門：

1.躉售與零售交易、旅館與飯店。

2.運輸、倉儲與通訊。

3.金融、保險、房地產與工商服務。

4.社區、社會與個人服務。

七、Thomas的服務業分類（圖1-2）：

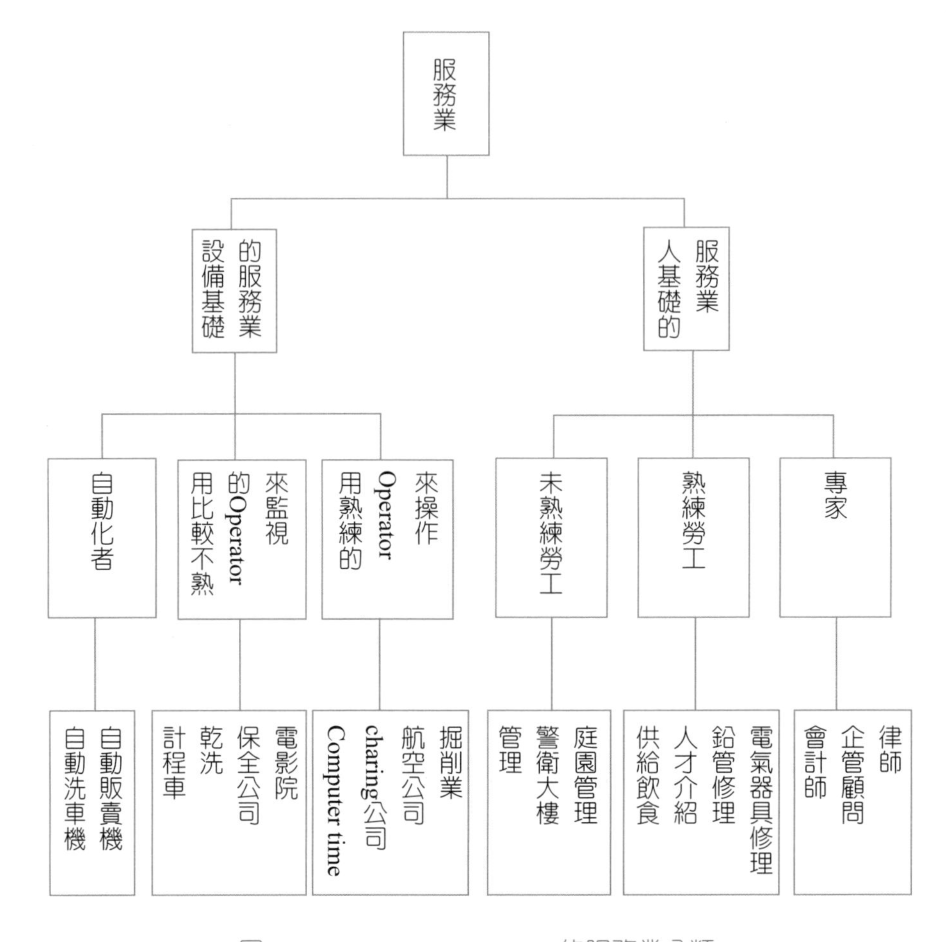

圖1-2　Mr. Dan R. E. Thomas的服務業分類

資料來源：Dan R.E. Thomas, *Horvard Business Review*, July Aug, 1978。

八、服務的業種，如以服務活動的個別性質來做分類，可分三大類：

㈠第一類，大量生產型服務

是大量服務業種。大體上是由服務業單方面來考慮顧客的需求，設計「產品」，並強迫推給顧客。例如：報紙、雜誌、圖書、團體旅行、批發零售、金融保險商品及一般電話服務等。以製造業的來說，是從事服務的「計畫生產」，把可能會有銷路的服務，先準備好，等候顧客的光顧。它與大量生產的製造業所不同之處，只有不能事前生產，而且一有顧客就要立刻提供服務。

㈡第二類，個別訂購型服務

剛好與第一類相反，係個別接受訂購服務業種。如前所述的醫療、電腦軟體受託開發、各種資訊服務、企管顧問服務、市場調查、廣告、公共關係（P.R.）、智囊業務、修理業、美容院、接受訂購型的家事服務，同時屬於個別接受訂購型的設計旅行等。

㈢第三類，訂製型（Order-Made）服務

介於前面兩者之間。服務業方面所能提供的服務種類與範圍，事先就有所決定，不過，應顧客的需求，每次可以調整配合，或多少追加選擇提供服務。如：飯店、餐廳、對企業的金融服務、休閒產業等。[23]

第五節　服務業的特徵及其基本的活動要點

服務業一般具有下列各項基本特色：

一、一般都屬勞力密集行業

現場工作人員對顧客的態度和舉止，對客人的數量和營業額獲利率或利潤率均有很大的影響。

服務的優、劣之評價完全由顧客主觀決定，並以此和別家比較做判斷標準。於是，從業員的教育、訓練勢必會對經營有絕對的影響，提高從業人員的素質是服務業成功的基礎。

二、提高「顧客滿意度」

讓顧客的希望獲得滿足的行動和態度，對服務業尤其必要。顧客的滿意

[23] 黃已成譯、畠山芳雄著（1991），《服務業的經營革新》，久華工商圖書出版公司，pp.59～60。

不只是你所提供的商品而已，其他如賣場環境、從業員的態度與服裝、整潔感、服務等這些心理層面更加重要。其中尤以從業員的態度最受重視。因此，對服務業而言：

1. 品質（Quality, Q）、清潔（Cleanliness, C）、安全（Safe, S）、待客態度（Manner, M），重視的是人與人之間的倫理道德。
2. 為了要隨時掌握「顧客滿意度」，必須以統計手法實施滿意度調查並進行分析。

三、使服務的功能具體化

服務的功能當然依業種而有所區別，例如：

1. 超級市場的功能是「不讓顧客久候」、「隨時維持新鮮度」、「不讓商品缺貨」等。當然「貨品陳列齊全」也很重要。「賣場明亮寬敞」也不可忽視。
2. 提供電力、瓦斯的公司，必須「縮短辦理遷入、遷出手續的時間」。電力公司「使電壓維持穩定，以謀用戶電腦操作的穩定」也是一種服務訴求；瓦斯公司做到「供熱量穩定」與「安全」是最起碼的條件。
3. 旅遊業要將產品具體明確化，都是必須的。

四、即使相同的服務，依顧客不同，評價也互異

不同的顧客評價互異，因此必須隨時考慮顧客最迫切的希望，努力追求具有創意的服務。例如：

1. 有些顧客非常注重價格，並以此來評價品質。
2. 有些人是把焦點放在商品品質上，例如感覺「味道鮮美」，縱使環境條件有差，也仍認為「服務優良」。
3. 大多數人非常重視接待的速度和交貨期限。例如在餐廳等待上菜的時

間愈短愈好。

4.某些服務業需要環境及氣氛的塑造，才能使顧客滿足，例如酒吧、俱樂部顧客更注重這類環境的品質。

5.連鎖餐廳，人們重視的是「安全、衛生」品質。

6.利用自動販賣機的服務，首要條件是「不能故障」。

7.依顧客的年齡層不同，滿意度也不同。

從以上所述可以了解，每一種企業的服務重點似乎均不盡相同，故各行各業必須充分檢討「公司的服務重點應該擺在那裡？」、「應該採取何種服務手段？」等，再進一步選出重點努力目標，並用品質管理的精神專心研究這些問題，找到自己的定位和方法。[24]

自我評量

1.何謂「服務」？其定義如何？（國內部分）

2.美國行銷協會（AMA）將服務定義為何？

3.服務的內涵為何？

4.服務的特性為何？試扼要説明之。

5.如何提高「顧客滿意度」？

6.如何努力追求具有創意的服務？

---

24 同註15，pp.2～5。

第二章

品質與服務品質

摘　要

品質是一種自然、特殊的風格、最優秀的事務；一種產品或服務具備滿足需求者需要的輪廓與特質。

古代中國與中古歐洲時期，品質的焦點均放在產品的性能上，產品的好壞與商家的信用畫上等號。進入二十世紀初期，品質保證，僅是指產品的設計、製造、裝配；二次大戰時期，美國軍方首次將統計方法帶進品質。

品質觀念在短短五十年內，由於五位品管大師的推動，造成了極深遠的影響。戴明（Edwards Peming）被日本人尊爲「品質之神」，他認爲品質是「用最經濟的手段，製造出市場最有用的製品」；杜蘭（Joseph Juran）認爲「品質是一種合用性」；費京堡（Armand Feigenbaum）首創全面品管，所謂「品質管制」乃在整合調整企業內各部門的維持及提高品質之努力，俾能以最經濟的水準，生產出完全滿足消費者需求的製品；石川馨認爲品質是「一種能令消費者或使用者滿足，並且樂意購買的特質」；克勞斯比（Philip Crosby）認爲品質就是讓顧客覺得他們得到了超過預期的價值。

「事前期待」與「實績評價」兩者之間的關係，可以決定「服務品質」。「實績評價」高於「事前期待」時，顧客滿意；「實績評價」低於「事前期待」時，顧客不滿意；「實績評價」與「事前期待」沒有差別時，不易留下印象，易於轉往其他公司。

服務品質是由顧客認知來決定，顧客是由服務品質的整體來決定其滿意度。服務品質的因素 Parasuraman、Zeithaml 及 Berry 認爲有十項：可靠性、反應性、勝任性、接近性、禮貌性、溝通性、信賴性、安全性、了解顧客、有形性。

上述三位教授於1995年提出一個服務品質觀念性模式，又簡稱P.Z.B.模式，主要解釋服務品質始終無法滿足顧客需求的原因，要滿足顧客的需求必須突破此模式中之五個缺口（Gap）：1.缺口一：爲消費者預期與管理者認知間之差距、2.缺口二：管理者之認知與服務品質規格間之差距、3.缺口三：服務品質規格與服務傳遞間之認知、4.缺口四：服務傳遞與外部溝通間之差距、5.缺口五：消費者期望服務與認知服務間之差距，此缺口乃顧客對服務事前的期望與實際接受服務後認知間之差異，是由缺口一至缺口四所造成。

防止不良服務應從幾個方面著手：1.服務品質水準穩定、品質水準的提升、不良服務的對策。2.掌握潛在抱怨，採取補救對策。3.接近顧客的辦法要多元化。4.「轉禍爲福」的緊急對策。5.要設立品質管制部門。

第一節　品質的定義

韋伯新世界字典（學院第二版）對品質所下之定義：一種自然、特殊的風格、最優秀的事務。它是完美、卓越。

美國國家標準協會（American National Standards Institute, ANSI）和美國品管協會（The American Society for Quality Control, ASQC）將品質定義為：一種產品或服務具備滿足需求者需要的輪廓與特質。品質保證（Quality assurance）是提供給消費者適當品質的產品與服務。[1]

古代中國與中古歐洲時期，品質的焦點均放在產品的性能上，產品的好壞與商家的信用畫上等號。進入二十世紀初期，科學管理之父泰勒（Taylor）首先將分工的觀念帶入組織中，貝爾電話系統（The Bell Telephone System）建立最早的品質管制，由西方電器公司（Western Electric Company）成立檢查部門協助貝爾公司，此時的品質保證，僅是指產品的設計、製造、裝配。[2]

二次大戰時期，美國軍方首次將統計方法帶進品質。1944年工業品管（Industrial Quality Control）誕生。一九五〇年代，兩位美國學者杜蘭（Juran）和戴明（Deming）將品管技術傳入戰敗的日本，經過二十年的改良，日本製產品橫掃歐美，美國發覺事態嚴重，在1984年由美國品管協會指定每月十日為品管日，加拿大亦跟進。1987年更由國會立法成立麥考琳國家品質獎（The Malcolm Baldrige National Quality Award），與日本戴明獎相抗衡。

品質觀念雖然經歷了漫長的變化階段，在最近短短的五十年內，由於五位品管大師的推動，對後世的品質觀念造成了極深遠的影響。[3]

1. 戴明（W. Edwards Deming）

   承襲了貝爾實驗室哈林特（Walter Shewhart）「品質是企業成功的關鍵」的思想，強調「品質是製造出來的，而非檢驗出來的」，並推動統計品管（SQC）技術，使日本擁有一流競爭品質，被日本人尊為

[1] 張建豪（1994），《航空業國際線服務品質之實證研究：P.Z.B.模型》，中國文化大學觀光研究所碩士論文，p.13。

[2] M. D. Fagan (1974), *A History of Engineering and Science in the Bell System: The Early Years 1875～1925*, 2nd ed., NY: Bell Telephone Laboratorier, p.25.

[3] 王克捷（1988），〈品質的歷史觀：五位大師的理論演化〉，《生產力雜誌》，第17卷，第10期，pp.91～98。

「品質之神」。他認為品質是「用最經濟的手段，製造出市場最有用的製品」。

2.杜蘭（Joseph M. Juran）

認為「品質是一種合用性」（Fitness for use），而合用性的意義在於「使產品在使用期間能滿足使用者的需要」。他的貢獻在於明確定義「品質」最重要的意義——合用性，以及以「顧客導向」為原則的品質管理哲學，故被譽為「品質泰斗」。

3.費京堡（Armand V. Feigenbaum）

首創全面品管（Total quality control），指出所謂「品質管制」乃在整合調整企業內各部門的維持及提高品質之努力，俾能以最經濟的水準，生產出完全滿足消費者需求的製品。他認為「品質成本」等於維持某種品質水準而發生的支出，加上未達到這個水準而發生的成本，包括預防成本、鑑定成本、內部失敗成本、外部失敗成本等。

4.石川馨（Kaoru Ishjkawa）

是日本品管圈（QCC）的創始人，他在《日本式品質管制》一書中正式使用全公司品管（Company-Wide Quality Control, CWQC），而認為品質的定義是「一種能令消費者或使用者滿足，並且樂意購買的特質」，所以CWQC追求的不只是產品品質、服務品質，更是良好的工作品質。CWQC不只是品管而已，而是一種全面的經營管理。

5.克勞斯比（Philip B. Crosby）

是一位「品質哲學家」，他極力排斥統計品管中的「允許品質水準」（AQL），認為那是一種鼓勵心存僥倖、自欺欺人的做法。因而主張「零缺點」制度，並提出「DIRFT」的口號，即第一次就把它做好（Do it right the first time）。他所謂的品質四大絕對（Four absolutes）為：

(1)品質就是合乎標準，而不只是好。

(2)提升品質的良方是預防，而不是檢驗。

(3)品質的唯一標準就是「零缺點」，而不是「可接受的品質水準」。

(4)品質是以「產品不符合標準的代價」來衡量，而不是用比率或指數來衡量。

綜合五位品管大師對品質的定義為：

1.戴明：品質是一種以最經濟的手段，製造出市場最有用的製品。

2.杜蘭：品質是一種合用性（Fitness for use）。

3.費京堡：品質絕不是最好的，而是在某種消費條件下的最好。

4.石川馨：品質是一種能令消費者或使用者滿足，並且樂意溝通的特質。

5.克勞斯比：品質就是讓顧客覺得他們得到了超過預期的價值。[4]

卡文（Garvin, 1984）則從五個角度來定義品質：

1.卓越定義（Transcendent definition）：品質為直覺上的優越，只有經由接觸及經驗才能感受得到。

2.產品基礎法（Product based definition）：品質好的貨品不一定昂貴。

3.消費者基礎法（User-based definition）：品質好壞，決定於消費者評價，即「顧客滿意」（Customer satisfaction）。

4.製造基礎法（Manufacturing-based definition）：品質是「規格一致」的程度。

5.價值基礎法（Value-based definition）：在合理的價格下，符合顧客需求的品質。

而卡文更進一步將以上五種定義解釋成八種品質檢驗方式：[5]

1.功能（Performance）：產品原有的特質。

---

[4] David A. Garvin (1984), "What Does 'Product Quality' Really Mean ? " *Sloan Management Review*, Vol. 26, No. 1, pp.25～43.

[5] David A. Garvin (1986), Product Quality, *Sloan Management* Review, Vol. 3, No. 2, pp.29～30.

2.特徵（Features）：產品之外貌。

3.可靠性（Reliability）：產品使用一段時期後仍保持正常之可能性。

4.一致性（Conformance）：產品出廠標準與實際表現之差距。

5.耐用性（Durability）：使用產品至壞或顧客更換前之狀況。

6.服務性（Serviceability）：快速、親切、售後服務。

7.美感（Aesthetics）：產品讓人感受美好之程度。

8.知覺品質（Perceived quality）：從形象、廣告、品牌得知的了解。

品質系統分為管理系統（Management system）和專業系統（Technical system）。管理系統就是要將各組成要素組織起來，其中包括設計、組織、控制、人力資源。專業系統就是要保持產品從設計、製造、傳遞、使用之品質一致性，其中包括設計、檢驗、測量、品保、統計、問卷。其結構如圖2-1所示。

日本松下電工對品質的基本看法是：

1.品質好壞由客人決定。

2.品質是長期利益的基本條件。

3.品質需靠全員參與。[6]

戴久永（1998）認為品質具有多面性的意義，至少有哲學、經濟、行銷以及作業管理等四大領域的人士關切這個話題，但是各人卻均為從不同的層面來考慮。界定「品質」至少有五種不同的途徑：(1)哲學形而上抽象的方式；(2)經濟上「產品導向」的方式；(3)經濟上、行銷上和作業管理的「使用者導向」的方式；(4)「製造導向」的方式；以及(5)作業管理上「價值導向」的方式。摘自若干書籍的不同品質定義如下：[7]

1.形而上的定義

(1)品質既非意志也非實體，而是與兩者無關的第三個體，雖然品質無

---

6 佐藤公久（1992），《顧客滿意度》，第五版，日本能率協助，p.130。

7 戴久永（1998），《品質管理》，增訂三版，三民書局，pp.8～9。

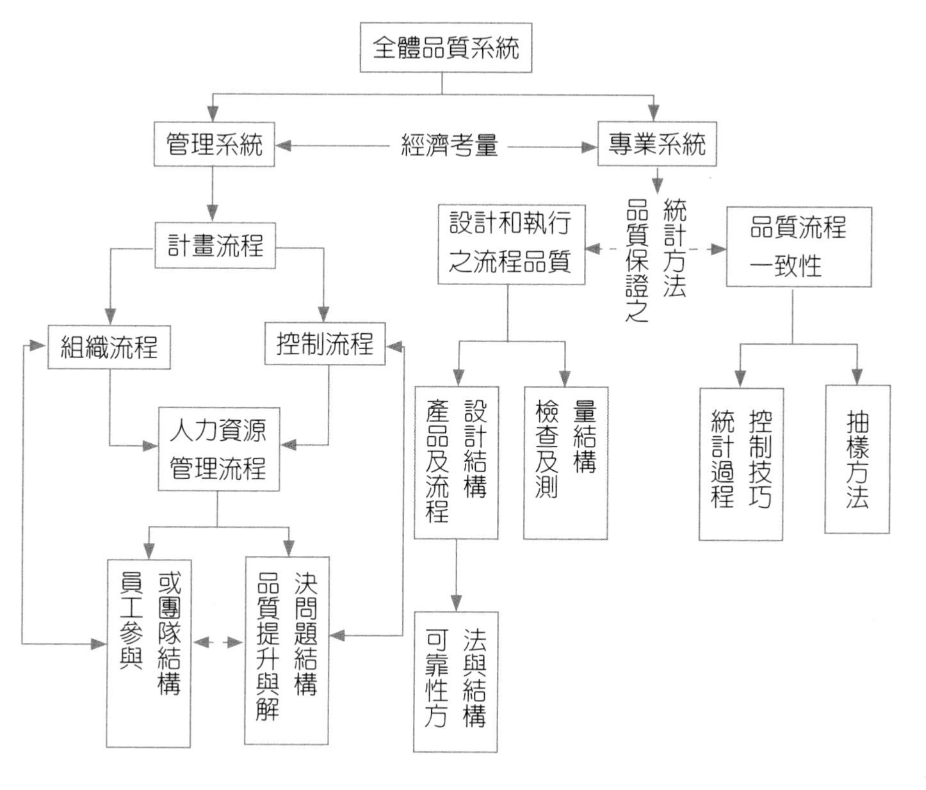

圖2-1　全體品質系統

資料來源：James R. Evans & William M. Lindeay (1991), *The Management and Control of Quality,* L.A.: Bookland Co., p.15。

法界定，但你知道它是什麼。

(2)一種卓越的情形，隱含著好的品質與差的品質有別，品質可以達到最高的標準而非以草率或欺詐來滿足。

2.產品導向定義

(1)品質的差異，就是在產品某些所需的原料或特質數量上的差異。

(2)品質是每一單位的計價中的非價格特性。

3.使用者導向定義

(1)品質包含了滿足需要的能力。

(2)品質是其一特定產品滿足某一特定顧客需要的程度。

(3)品質是一產品的任一方面，其中包含了列於銷售契約中的服務足以影響顧客的需求曲線。

(4)產品品質是在市場需求分析中，能夠配合顧客偏好程度。

(5)品質包括一個樣品（產品-品牌-模型-銷售員組合），擁有你想要的服務特性的程度。

(6)品質就是適用。

4.製造導向定義

(1)品質就是符合要求。

(2)品質是一特定產品符合設計或規格的程度。

5.價值導向定義

(1)品質是在可接受價格內卓越的程度，以及在可接受的成本下對於變異的控制程度。

(2)品質就是對顧客某些條件為最佳，這些條件為：

①實際上的使用。

②產品的售價。

品質 Kolter（1999）認為：

1.品質對產品或服務表現皆有直接影響：其緊密聯繫著顧客的價值觀與滿意度。品質最狹義的定義是無缺點（Freedom from defects），但大部分以顧客為中心的企業，卻以超越品質來定義；取而代之的是，他們以顧客滿意度的觀點來定義品質。

2.以顧客為焦點的定義則建議品質應始於顧客需要，而終止於顧客的滿意度。

3.顧客品質已經是一種做生意的方法，大部分的顧客容許較低或一般的品質，現今企業想要繼續與其他人競爭，獲得利潤，除了接受品質觀念之外，已別無選擇。而適用性的意義在於「使產品在使用期間能夠滿足使用者的需求」，在設計、製造及使用三個階段，將其規劃為設計品質、製造品質及使用維修品質三種。[8]

綜合以上學者專家對「品質」定義的看法，筆者認為「品質」是符合消費者的需求，使顧客達到滿意。

第二節　服務品質的定義

因為服務品質是眼睛所看不見的東西，所以很難與一般的貨品一樣判別為良品或不良品；加上人又有主觀上的差距，被人認定是好還是壞，因人而有很大的伸縮餘地。

同時，服務又不能庫存，生產與消費是同步進行，所以即使不良的服務，也會照樣供應出去，而讓客人生氣，因此決定不再利用你的服務，以致當場失去了顧客。它不能像一般的貨品，可以在出售前先行檢查，把「不良服務」淘汰掉，也無法修理或調換。何況，所有的服務幾乎都要靠人力來做，以至容易發生品質參差不一情事。可見，服務業的品質問題，是遠比製造貨品的產業深刻而且嚴重。

唯對於「服務品質」的定義，直到現在尚無足以令人理解的說法，可以實用而明快的定義，少之又少。但是，卻有一個還可以認為勉強可行的想法，就是美國的行銷科學研究所（Marketing Science Institute）的調查結論，摘要如下：

首先，想要利用某種服務的顧客，在他的心裡，必定會有「這些事情，總可以得到對方提供服務」的期待。我們把它稱之為「事前期待」，而將顧客利用那樣服務的結果之顧客評價，叫做「實績評價」。

「事前期待」與「實績評價」，憑這兩者之間的關係，可以決定「服務

---

[8] P. Kolter, J. Bowen and J. Makens (1999), *Marketing for Hospitality and Tourism*, 2nd ed., NY: Prentice Hall International Inc.

品質」就是該研究所調查的結論。

1.「實績評價」高於「事前期待」時，當可得到「比聽說的好」之高評價，該顧客也就可能變成為再光顧的顧客。

2.「實績評價」低於「事前期待」時，就會有「這是怎麼回事？」的評價，勢將失去該顧客。

3.「實績評價」與「事前期待」沒有差別時，就會被顧客認為不過只受到普通一般的服務而已，不易留下印象。簡單地說，所謂服務品質，可說是顧客的「事前期待」與「實績評價」的相對關係（圖2-2）。[9]

顧客的「事前期待」，原來就是主觀的，將依人而有所不同。不過，該「事前期待」，經常又是依據下述的情形而形成。

1.該公司透過大眾傳播媒體所做的廣告宣傳內容：顧客在看報紙廣告及電視節目之後，對於自己將要接受的服務以及該公司的職員描繪出一個形象，並想像說這種程度的事，該公司應該會做到。

2.推銷人員所做的推銷說詞的內容：這個推銷說詞雖然有推銷人員訪問顧客時所說，與顧客來到公司時所說之別；但是，顧客都會根據推銷人員說話的內容，去描繪服務的對象，並把自己所擔心的問題提出叮嚀一番，再作確認，形成了「事前期待」。

3.曾經利用過該公司服務的第三者所講的話：由於服務與購買貨品不同，不能在事前，拿在手上試試、看看，一定要在付錢接受服務之後才能判定究竟是占了便宜？還是吃了虧？因此，曾經利用過該項服務的其他人們所談的意見及感想，將會大大的左右那個人的「事前期待」。

尤其是前面所說的「廣告、宣傳」及「推銷說詞」，因為係由最大的利害關係人—服務公司所做的，所以可能會受到顧客大打折扣，不

[9] A Conceptual Model of Service Quality and Its Implication for Future Research, Marketing Science Institute. 1984.

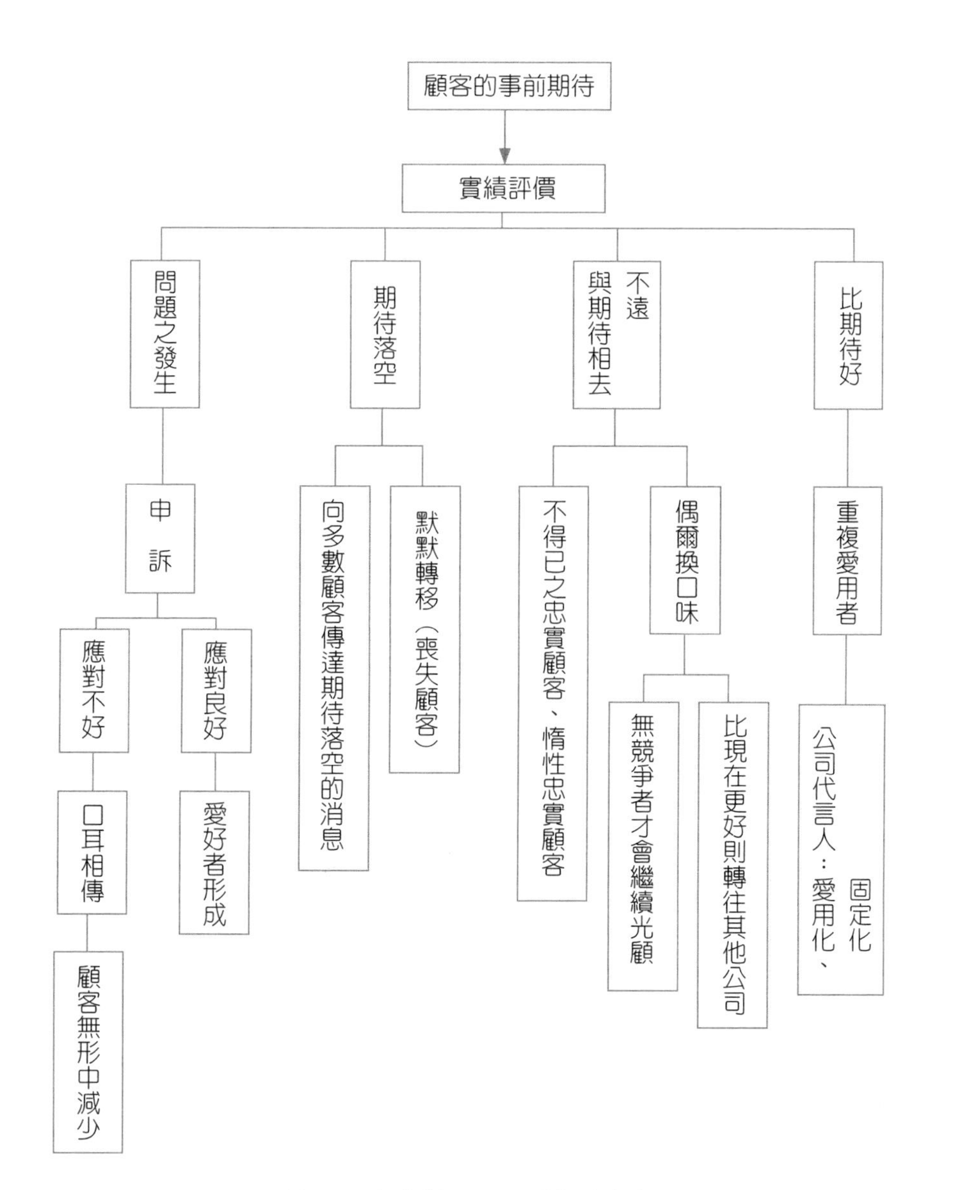

圖2-2　顧客對服務品質的滿意度

資料來源：本研究整理。

會完全相信；而別人所說的話，則是站在毫無利害關係的中立立場說出來的，所以，對於形成「事前期待」的影響力量更為強烈。這也就是所謂「口傳」的威力。

4.顧客本身過去利用的體驗，可能是具有最強烈之期待形成的力量：那家餐廳的菜好吃、那家企管顧問公司的講座真是獲益良多、那家銀行給人的印象不錯等等，自己實際所體驗的，會令人再度去光顧，變成固定老主顧。

顧客在其尚未利用之前，不作聲所抱持的「事前期待」，可以說就是這樣，由廣告宣傳、推銷說詞、別人的話及利用體驗等所形成。

實際上足以形成「事前期待」的要素，還有「顧客本身的欲望」。顧客經常會繼續有強烈的「希望對方這樣做」的欲望，在不知不覺中，就會有確信「當可如願以償」的想法。不過，對於服務的企業來說，這是難作適當的因應，是一件非常複雜棘手的主要因素（圖2-3）。

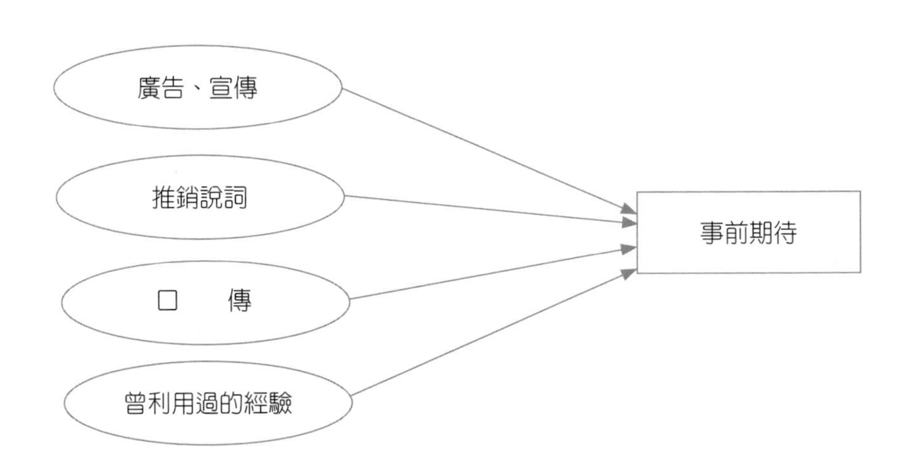

圖2-3　事前期待的形成

資料來源：黃已城譯、畠山芳雄著（1991），《服務業的經營革新》，p.30。

日本學者今井正明在《改善》一書中稱：「品質水準由顧客來決定。」[10]

[10] 佐藤公久（1992），《顧客滿意度》，第五版，日本能率協會，p.106。

劉常勇則認為服務品質是由顧客認知來決定，顧客是由服務產品的整體來決定其滿意度。[11]

服務品質Kolter（1999）從四種因素來決定，如圖2-4所示。

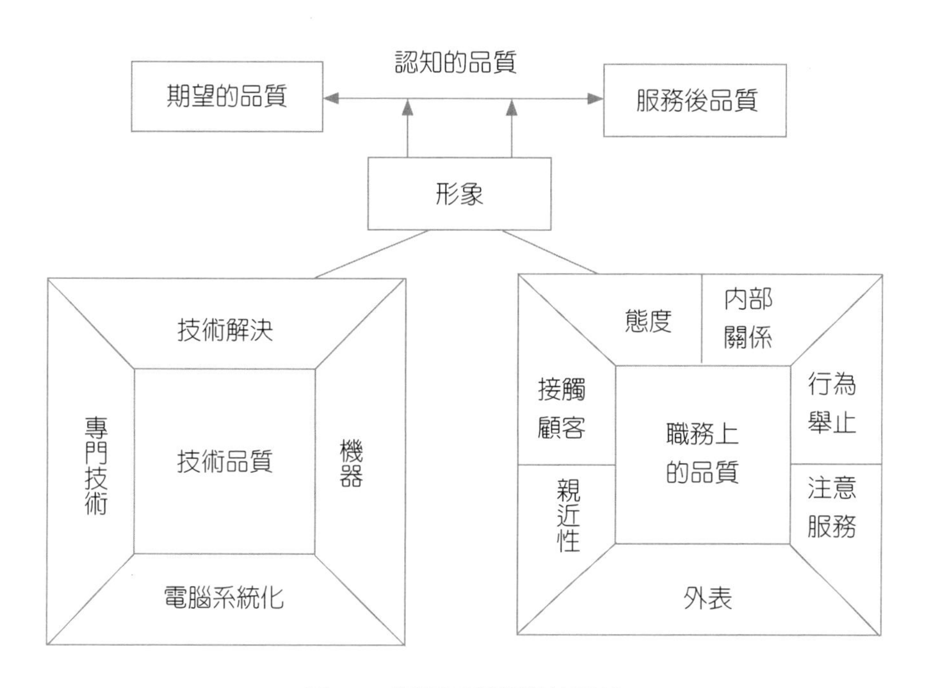

圖2-4　服務品質管理的認知

資料來源：P. Kolter, J. Bowen and J. Makens (1999), *Marketing for Hospitality and Tourism* (2nd ed.), New York: Prentice Hall International Inc., p.363。

由於這種關係，所以服務業在經營上的根本問題，係在於如何把每天為各個不同的顧客所提供的不同服務，做得更完善，使得到滿意的「利用體驗者」增加更多，在執行上要注意兩項活動：

1. 宣傳只做到八分

服務的品質，是具有顧客在不作聲當中所描繪的「事前期待」與接受服務後「實績評價」之間的相對關係，「實績評價」超越了「事前期

11 劉常勇（1991），〈服務品質的觀念模式〉，《臺北市銀行月刊》，第22卷，第9期，pp.2～16。

待」，就被認定是品質良好。

假如這種「事前期待」，是由廣告宣傳、推銷說詞、口傳及直接利用的體驗等所形成的話，該服務的企業在經營上，首先要考慮的就是有關廣告宣傳及推銷說詞不可做得太滿。也就是說，即使實際上的服務水準為十分時，也不做十分的廣告宣傳及推銷說詞，只要做到八分，就要適可而止。因為服務品質，與「貨品」的品質有所不同，幾乎都是依靠人來製成，儘管你如何謀取工作的標準化，徹底的教導有關人員，也可能會有某種程度的品質參差情況。

何況，我們說到十分，而讓顧客抱有十全十美的「事前期待」，你要超越它的服務，就難於實行，如此，對於自己反而是有所不利的。

2.工作標準化

服務業對「人力」的依存度非常高，而且不同的人絕對會有能力與訣竅（Know-how）的差別。但是一個公司希望的是如何將工作的差距縮小，就要從服務基準標準化，來訓練服務人員高水準的服務活動。因為「One best way」（唯一的、最好的方法）才是工作標準化的構想。根據這個構想，就每一種工作做徹底的研究，好好把它掌握，編成服務基準手冊或錄像來訓練從業人員，使其遵照做事；如有例外情事，即加以檢討、修正，把工作水準提升到第一級，建立足以戰勝競爭的體制，這就是所謂標準化作業。

第三節　服務品質的因素

服務品質乃源於消費者對於服務期望與服務認知之比較而得，故應讓顧客清楚知道有什麼樣的服務內容，都是必要的。

一、Rosander（1980）、Leonard（1984）認為服務品質至少應包括下列五項因素：

1. 人員績效的品質（Quality of human performance）。

2. 設備績效的品質（Equipment performance）。

3. 資料數據的品質（Quality of data）。

4. 決策的品質（Quality of decisions）。

5. 產出的品質（Quality of outcomes）。[12]

二、Zimmerman（1985）認為好的服務品質應做到下列五點：

1. 合用性（Fitness for use）：符合顧客的需要。

2. 重複製造的能力（For ability to replicate）：提供之服務能保持一定的水準。

3. 及時性（Timeliness）。

4. 最終使用者的滿足（End order satisfaction）。

5. 符合既定之規格（Adherence to prestabilized specification）。[13]

三、Parasuraman、Zeithaml及Berry（1985）認為，決定服務品質的因素有下列十項（圖2-5）：

1. 可靠性（Reliability）：是指服務績效的一致性，在約定時間內，一次就要將服務完成做好，而確實地執行承諾的服務。

2. 反應性（Responsiveness）：是指服務人員為顧客提供服務的意願及即時性。

3. 勝任性（Competence）：擁有提供服務所應具備的技術與知識，包括第一線上人員和支援其他人員的知識與技巧，以及組織的研發能力。

4. 接近性（Access）：接觸的難易程度。如可容易使用電話提供服務、等待時間是否太久、服務設備的地點是否便利、運營時間是否適當及方便。

---

[12] A. C. Rosander, Service Industry OC- The Challenge Being Met. *Quality Progress*, Sep. 1980, pp.34～35. Cornell, Leonard, Quality Circles in the Service Industry, *Quality Progress*, July 1984, p.35.

[13] Zimmerman, Charlesd (1985), Quality: Key to Service Productivity, *Quality Progress*, June 1985, p.32.

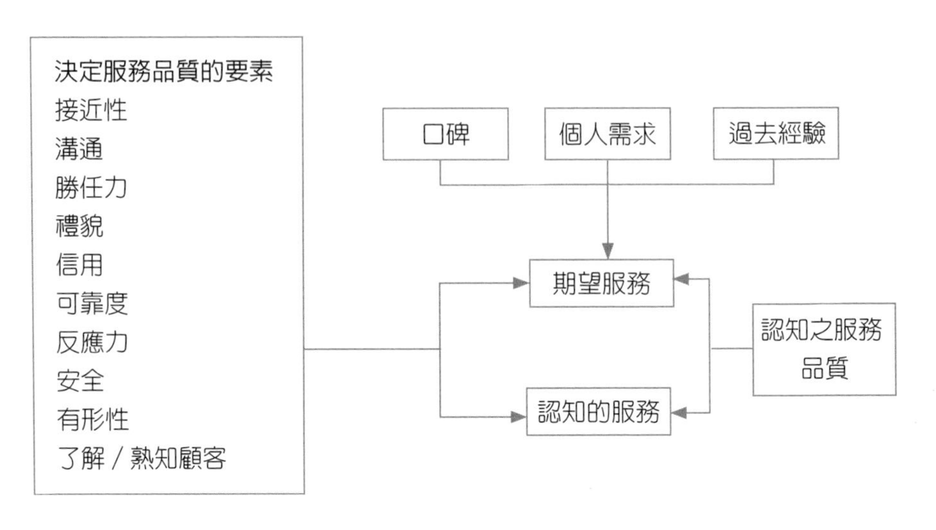

圖2-5　服務品質的決定要素

資料來源：A. Parasuraman, A. Z. Valavie and L. L. Berry (1988), A Conceptual Model of Services Quality and Its Implication for Future Research, *Journal of Marketing,* 46(1), pp.12-40。

5. 禮貌性（Courtesy）：服務人員對待顧客有禮貌、尊重、體貼且友善。
6. 溝通性（Communication）：耐心傾聽顧客的意見，使用最適當的方式與適合顧客程度的用語與顧客溝通，應盡到告知顧客的義務，讓顧客了解服務的內容、服務的費用，以及讓顧客了解其問題必會處理。
7. 信賴性（Credibility）：讓顧客相信並且認為有誠意，且將顧客的喜好牢記，影響顧客對公司信賴性的因素包括公司的聲譽、形象、服務人格的特質等。
8. 安全性（Security）：使顧客在接受服務的過程中免除危險以及疑慮，包括身心與財產以及機密性方面。
9. 了解顧客（Understanding the customer）：努力的去了解顧客的需求。如顧客的特殊需求、提供個別的照顧、熟記顧客的長相及資料。
10. 有形性（Tangibles）：指在服務過程中之有形的設備、器材、用具、服務人員的儀表等。[14]

四、Parasuraman、Zeithaml及Berry（1988）提出一套衡量服務品質的量表，將服務品質因素減為五個構面：

1. 有形性（Tangibles）：係指在服務中有形實體的設備及服務人員的儀表。

2. 可靠性（Reliability）：係指對承諾過的服務確實執行且準時完成的能力。

3. 反應性（Responsiveness）：服務人員對幫助顧客及提供即時服務的意願。

4. 確實性（Assurance）：服務人員的知識與禮貌及能力足以贏得顧客信賴。

5. 情感性（Empathy）：企業對顧客的關切與個別照顧。[15]

五、Quelch與Takeuchi（1983）根據消費者的消費步驟，提出衡量服務品質的因素：[16]

㈠消費前所考慮的因素

1. 業者的行號與形象。

2. 過去的經驗。

3. 朋友的看法與口碑。

4. 商店的聲譽。

5. 政府檢驗結果。

---

[14] Valarie A. Zeithaml, S. Parasuraman & Leonard Berry, Problems and Strategies in Services Marketing, *Journal of Marketing,* Spring 1985.

[15] Valarie A. Zeithaml, A. Parasuraman & Leonard L. Berry (1990), *Delivering Quality Service*, NY: The Tree Press, pp.ix～xii.

[16] Hirotaka Takeuchi, John A, Quelch, Quality is More than Marketing: A Good Product. *Harvard Business Review*, July～Aug. 1983, p.142.

6.廣告價格與宣傳的績效。

(二)消費時所考慮的因素

1.績效衡量標準。

2.對服務人員的評價。

3.服務保證條款。

4.服務與維修政策。

5.支援方案。

6.索價。

(三)消費後考慮因素

1.使用的便利性。

2.維修、客訴與保證的處理。

3.零件的即時性。

4.可靠性。

5.相對績效。

第四節　服務品質模式

Parasuraman、Zeithaml 和 Berry 三位教授於1995年提出一個服務品質觀念性模式，又簡稱 P.Z.B.模式（圖2-6）。他們分別深入訪談了銀行業、信用卡公司、證券業之經紀商和產品維修業等四個企業的管理人員以及顧客。從訪問中發現，顧客事先對服務的期望以及事後對服務的認知之間有差距。因此他們找出可能存在的差距以及衡量服務品質一般性決定因素，而建立一個服務品質的觀念性模型。在此模型中將顧客的知覺、心理、社會等因素及管理者的知覺考慮在內。P.Z.B.模式主要解釋為何服務業的服務品質始終無法滿足顧客需求的原因，而強調顧客是服務品質唯一的決策者，因此服務業要完全滿足顧客的需求必須突破此模式中之五個服務品質的缺口（Gap）。在此五個缺口中有四個與業者有關，只有一個缺口是由顧客的期望與認知來決定，而顧客此一缺口之大小，又是前面四個缺口的函數。

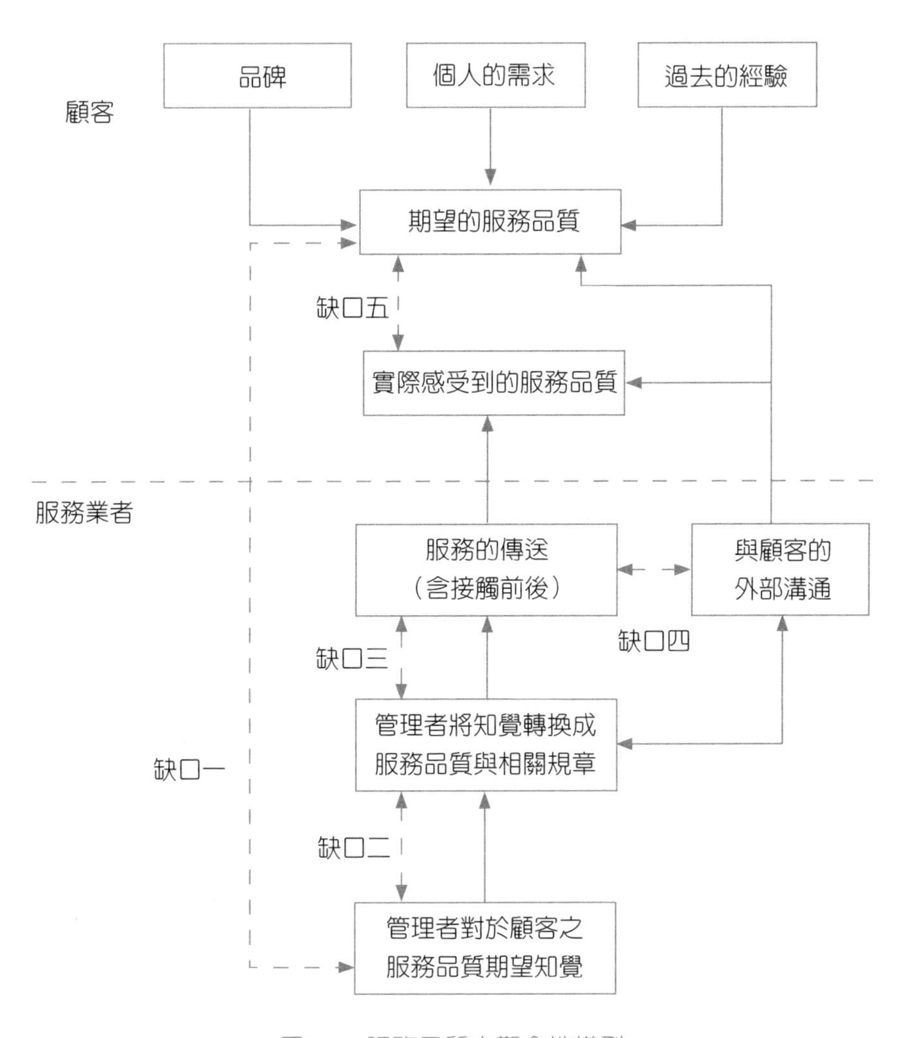

圖2-6　服務品質之觀念性模型

資料來源：Parasuraman, A., V. A. Zeithaml & Leonard, L. Berry (1985), A. “Conceptual of Service Quality and Its Implications for Future Research”, *Journal of Marketing*, Vol. 49, (Fall), p.44。

1.缺口一

為消費者預期與管理者認知間之差距（Consumer expectation-management perception gap）。此差距乃因業者未真正了解顧客對服務品質的期望，而影響了服務品質之認知。

2.缺口二

管理者之認知與服務品質規格間之差距（Management perception-service quality specification gap）。此缺口乃因業者由雖然了解顧客期望，但本身內部資源或市場狀況、管理流失，即使知道某些消費者所需要的服務屬性，仍無法達到顧客對服務品質的期望，因此產生了認知與實際品質規格間的缺口。

3.缺口三

服務品質規格與服務傳遞間之認知差距（Service quality specification-service delivery gap）。服務人員績效未能達到管理階層的服務品質標準，因而造成消費者對顧客服務品質認知之影響，其差距原因在於員工沒有能力或意願去達成所要求的水準。

4.缺口四

服務傳遞與外部溝通間之差距（Service delivery-external communication gap）。企業對外所作之廣告或其他外部溝通的運用，會影響顧客對服務的期望。業者有過度承諾的傾向，或缺乏傳達提升服務水準的意向時，顧客在實際接受而無法達到此期望水準時，會對企業的服務品質感到失望與不滿，而對企業服務品質的認知大幅降低。

5.缺口五

消費者期望服務與認知服務間之差距（Expected service-perceived service gap）。此缺口乃顧客對服務事前的期望與實際接受服務後認知間之差異，是由缺口一至缺口四所造成。即是顧客實際體驗與期望的服務不一致所造成的。[17]

第五節　防止不良服務的對策

一、服務品質的三個目標

服務品質的管理，歸根結柢，只要把下列三點做好，便沒有什麼問題。

㈠品質水準的穩定

要把在第一線所提供各個不同服務的參差不一情形消除，經常保持穩定的水準。假如由於提供服務的人不同，就有品質參差不一情事，對於第一次服務感到滿意而再度光顧的顧客來說，等於你是違背了他的「事前期待」，勢將失去這位顧客。

為保持穩定的服務水準，就要把服務活動標準化，好好訓練提供服務的人，並把建築物、設備及形象等予以統一。絕對不能認為係由各個不同的人提供服務，其服務品質，難免會有參差不一情事，就放棄不管。

㈡品質水準的提升

要把服務品質的絕對水準，繼續不斷的提升，經常保持足以取勝競爭對手的服務品質水準。

這就要藉小集團活動及提案制度，積極展開改善活動，並確立一個能夠使改善活動，完全與服務基準手冊之改訂連動的體制。同時，對於已經習慣於其他競爭公司服務的顧客，則要設法把可以超越該顧客「事前期待」的某些獨特服務部分，編入於服務品質的規格之內，因此，讓顧客有「比聽說的還要好」的感受。實有如此做的必要。由於

[17] 畠山芳雄（1991），《服務業的經營革新》，久華工商圖書出版公司，pp.68～75。

所謂獨特服務部分，平常經過數年，就要喪失其優越性，所以，每過幾年，就必須再作設計，追加新的獨特服務。

㈢不良服務的對策

就是如何防止不良服務的對策。對於顯在的、潛在的抱怨——即顧客認為有違其「事前期待」而所提出的怨言——要正確的把它掌握，並迅速的講究補救對策，反過來將轉禍為福，確實維持該顧客。

最理想的做法，當然是能夠把抱怨減少到零。實際上，這卻是不容易辦到的。如果無法適切採取對策，如此就會使「口傳」的壞話散布開來，產生排除未來的新顧客之作用。所以，如何把「負面的服務」，努力減少到接近於零的程度，對於所有服務業，是很重要的課題。

二、重視難於掌握的潛在抱怨

在服務品質的管理上，穩定服務品質、提升服務水準及防止不良服務的對策等三個要素當中，前兩者還有服務活動的標準化及其他辦法可施，最難應付的恐怕是第三個要素——防止不良服務的對策。應該如何去掌握所有的不良服務，立即採取有效的對策，防止因「事前期待」被違背而離去的顧客，這是很棘手的問題。

服務業的顧客，即使因所得到的服務有違其「事前期待」，而向服務業者確確實實提出抱怨者，非常的少。例如：投宿於大飯店時，每家大飯店都備有「給經理的意見書」用紙。但是，在這張用紙上寫過意見的人，究竟有多少呢？

這到底又為什麼呢？在「貨品」的情形，顧客的抱怨有很明顯的「物的證據」，對於廠方表示有所要求，絲毫也沒有什麼抗拒心理。然而，對於服務的抱怨，是一個事情的經過，並不留下任何痕跡，也就是沒有證據，所以不好提出抱怨之言。

即使你說感到不滿意，或說有不愉快的感受，假如被對方反駁說，那是屬於你個人的主觀看法，也就「到此為止」，在轉眼間，其服務也早已消失無蹤。既然事情都已經結束，還要提出來抗議，也會有「這樣，未免有失大人氣概」的心情。儘管你還是提出來說，不是變成沒有休止的爭論，便是受到對方以習慣的做法，表面恭敬而內心卻不然的態度道歉了事吧。怪不得，很多人都不願意積極的提出抱怨。

同時，顧客之所以雖有不滿意的地方，卻又不提出抗議的最大理由，是顧客認為只要決定「今後不再利用就好」，心情便可以舒暢下來的關係吧！因為任何人，都不太願意對他人提出抗議，尤其是考慮到和對方的人際關係時，總會認為還是默默不言比較沒有問題。即使被問到，也會答覆說：「還好！」而決定不再利用該服務，萬事都因此而OK了。

提起抱怨，實有顯在的抱怨和潛在的抱怨。所謂顯在的抱怨，是顧客所提出來的，和工作場所的督導人員所發現的事，對這類事不去採取補救對策的情形極少。所謂潛在的抱怨，以普通一般的做法，是無法掌握；會因「違背事前期待的行為」使顧客日漸消失，甚至於被「口傳」出去，致使連新顧客也要喪失，是非常可怕的抱怨。

三、接近顧客的辦法要多元化

在「貨品」與「服務」之顯在的抱怨與潛在的抱怨，是具有不同構造的。「貨品」的情形，是顯在的抱怨部分較多，而「服務」的情形，則於潛在抱怨部分，壓倒性的多。因此，在服務業要採取防止不良品的對策，比起「貨品」產業，困難多多，尤其要如何去掌握潛在的不良服務？不得不說是一個極為重要的經營課題。

針對這個問題，過去，也曾經採取各種辦法，從事調查的工作。例如：問卷方式、設置抱怨箱、由現場負責人（Floor manager）的觀察，訂定「您還滿意嗎？」之類的作業標準，由幹部及營業人員巡迴查核，採取批評員制度（Monitor system）等等，可以說是包羅萬象，但是，沒有一種辦法，可以認定「只要如此做，便沒有問題」的這種堪稱為具有決定性的唯一可行辦法。即使在某一時期，好像真有效用似的方式，時間一久，也都變成千篇一律的作風，效果日漸低落。

因此，服務業，想要掌握潛在的抱怨情形，就切勿滿足於單一的方式，應該要採取多元化的方法付諸實施，不斷的加以監視，把失去效果的方式廢止，而追加新的做法，來接近顧客才對。

四、「轉禍為福」的緊急對策

當接受服務的顧客，其「事前期待」被違背時，一般都會很容易的認為與其提出抱怨，不如決心不再利用其服務。

如此情形，在服務業方面，假如就這樣放著不管，不但會失去這位顧客，同時，當他被將來可能成為公司顧客的人問到其利用該服務的評語而說出『那家公司不行』的話來，公司就會雙重的喪失顧客。所以，當確實的掌握到潛在抱怨時，同時要切實的採取行動作補救，把禍轉為福，讓顧客反過來重新作評價，變成為忠實的顧客。這是在服務品質的管理上，非常重要的課題。

如有違背顧客「事前期待」的事實時，是可由各種方式去發現的。例如：顧客直接向服務人員或營業人員提出抱怨的；工作場所的督導人員視察時所發現的；投書及批評員報告所提出來的；向顧客作問卷調查所發現的等等。對於這種顧客的抱怨，每當掌握到時，就要立刻向上司提出報告，由適當的主管人士，馬上前往致歉，並採取必要的善後措施。

這個時候，前往顧客處道歉的人，經常都應該由比對方所想像地位更高的負責人，誠心誠意的致歉，而所採取的善後措施，也要做到足以讓對方認為「不必那麼用心」的程度，才夠標準。因為有不良服務而向顧客致歉，經常也應該要超越顧客的「事前期待」，這也是同樣的一種「服務」。

這是一種緊急的狀況，自問題發生後到公司採取補救行動的時間，究竟有多迅速？而公司所做的行動，是否真正衷心表示誠意？顧客的態度也會因而隨之有所改變。

潛在的抱怨不好掌握，很容易看漏，招致雙重喪失顧客的後果。這是服務業與「貨品」產業所不同的一個重要特色。因此，首先必須努力防患於未然，而且要經常注意迅速完全掌握情況，萬一發生狀況，每次都要確實的去做轉禍為福的行動。

同時，在採取善後措施之後，必須要徹底調查其原因及背景，喚起全員的注意，改訂服務標準，或重新教導有關人員，來防止同樣的抱怨情事再度發生。如此找出問題的癥結所在，採取一勞永逸的對策，是何等的重要，實不待贅言。

五、要設立品質管制部門

在製造業的情形，戰後不久，就受了統計品質管制的洗禮，在各製造工程的現場，備有管制圖，把品質特性值點繪上去，超越管制界限的，就有謀求對策的習慣，同時，依靠稱為實驗計畫法的技術，也具備了訂定各項標準的能力。至於抽樣檢驗被引進到日本，也是1945年代的事。

之後，製造業把檢查部門等單位統合組成品質管制部，已經是一個常識，並配合現場的努力，成為日本製造品質穩定的高級商品之原動力。

如今，銀行、人壽保險、產物保險、運輸通訊、房地產、餐飲旅館、教育及知識產業等等，也應該要與製造業一樣，有設立品質管制部門的必要。

正如前面所說，由於服務業的商品，係「眼睛所看不見」的東西，所以，品質管制的重要性，並不是一般生產廠家所能比擬。首先最重要的事，是如何研究決定服務品質的規格。因此，必須盡最大的努力去進行調查，作重點化的努力。為了掌握顧客的定義及「事前期待」——也就是說，徹底實施內部業務標準化與教育，建立一種在任何狀況的變化之下，由任何人來提供服務，也絕對不至於發生「負面服務」情事的體制，來訓練各部門的管理者、設計實行獨特的服務，並採取隨時更新的措施，讓顧客經常認定這家公司是與眾不同的。為保持這樣一個狀態，就絕對要有專門研究服務品質問題，積極加以推動的組織之設立。

尤其重要的是，要把顧客的「事前期待」，配合時代的要求，從事調查研究，正確的予以掌握，並經常作檢討改進。過去的服務業，對於這麼重要的機能，卻是認識不足，墨守成規，依然多採取以前慣例。

在此向屬於服務業的所有公司建議，希望徹底的重新檢討服務品質問題，並建立新穎的內部體制。[18]

自我評量

1. 美國國家標準協會（ANSI）將品質定義為何？
2. 綜合戴明等五位品管大師對品質的定義為何？
3. 以「事前期待」與「實績評價」關係，說明顧客對服務品質的滿意度的評價。
4. 顧客的「事前期待」經常依據何種情形而形成？
5. P.Z.B.模式中之五個服務品質的缺口（Gap）之意義為何？
6. 服務品質管理的三個目標為何？
7. 「轉禍為福」的緊急對策為何？

---

[18] Parasuraman, A., Valavie A. Zithaml & Leonard L. Berry (1985), “A Conceptual of Service Quality and Its Implications for Future Research”, *Journal of Marketing*, Vol.49, (Fall) p.44.

第三章

服務品質與顧客滿意度

摘 要

服務品質優劣衡量標準，往往在於所服務的對象，是否感到滿意層面，即顧客滿意度（CS）爲依歸。

「顧客」是指那些會登門購買的人們。簡單來說，就是具有消費能力或消費潛力的人。其型態有：一、按時間分：過去型顧客、現在型顧客、未來型顧客。二、按所在位置分：內部顧客與外部顧客。

顧客滿意度與服務提供單位的服務策略，提供服務的系統與員工形成「服務三角」關係，而時間、消費者的福祉，和延續性的設計，是決定服務品質的重要因素。

顧客滿意應從服務的基本理念之建立開始，即：重「質」爲先、掌握顧客口味、滿足顧客的需求爲出發點、服務過程與商品同樣重要、以客爲尊、每一位員工都是公司的代表、重視人才，及時獎勵、把握第一次接觸的機會、良好的溝通塑造美好的形象、找出顧客的需要、熱忱眞摯的服務態度、分工合作彼此感恩與惜福。

超越顧客的滿意度，E-Plus策略可以收到讓顧客驚喜的效果。至少有六項，由第一個英文字母組成的VISPAC。價值（Value）、資訊（Information）、速度（Speed）、個性（Personality）、附加（Add-one）、便利（Convenience）。

服務顧客人員的個性能增進E-Plus的效果，15個主要因素如下：1.把顧客當成你的貴賓去歡迎、2.破除矜持、3.直率和眞誠的稱讚、

4.叫出對方的名字、5.用你的眼睛與顧客說話、6.常常問：我要如何去做？7.用心去傾聽、8.說「請」和「謝謝」、9.保證顧客決定與你所做的生意、10.微笑、11.使用良好的電話技巧、12.注意適當的時間、13.主動與顧客接觸、14.要能欣賞多樣的人、15.保持積極銷售的態度。

服務是一種非實體、無形的產品，同時也沒有固定的標準模式。所以服務的好壞與否無法以具體的重量、成分、體積等量化數字來判斷；也可說服務品質優劣衡量標準，往往在於所服務的對象，是否感到滿意層面，即顧客滿意度（Customer Satisfaction, CS）為依歸。

也就是說，所提供的服務，只要能讓顧客感到滿意，也等於完成一次好的服務。不過，日本也有一些大企業認為，「好的服務」應該要有更積極的作為，並紛紛將提供完善的服務，滿足顧客的需求，列為企業基本經營的理念。

顧客滿意度（CS）觀念，最早起源於1982年的美國，並受到美國政府與大型企業體的支持、推動，而在1987年時訂定國家品質獎，同時審核頒獎制度，而一九九〇年代之初，日本的企業即開始鼓吹推動，並定1992年為CS元年，全力將CS觀念落實在經營作業中。除了可創造出顧客滿意的口碑外，更可培育員工的敬業精神，進而增強企業整體的競爭力，達到雙效利益。[1]

第一節　何謂「顧客」

「顧客」，普通的了解是某一個向你買某些東西的人，這些人使用金錢的交換而得到某些物品。在最廣泛的意識，顧客可以定義為與我們交換利益

---

[1] 張百清（1994），《顧客滿意萬歲》，商圈文化公司，pp.8～9。

的人。

在商業上或組織裡，我們有很多的名字稱呼顧客，例如：委託人（Clients）、患者（Patients）、旅客（Passengers）、主顧／資助人（Patrons）、會員（Members）、同伴（Associates）、保戶（Insureds）、使用者（Users）、買主（Buyers）、訂閱者（Subscribers）、讀者（Readers）、電視觀眾（Viewers）、購買者（Purchasers）、目的使用者（End-users）、客人（Guests）、病人（Cases），甚至學生（Students）。不同名稱的顧客意味不同種類的交易。[2]

對每一個企業而言，「顧客」就是指那些會登門購買的人們。簡單來說，就是具有消費能力或消費潛力的人。[3]

茲將顧客的型態分述如下：

一、按時間分

若從「時間」的角度考量，「顧客」可區分為下列三種型態。

㈠第一種顧客：過去型顧客

第一種就是過去曾經購買過該企業商品的人。他們有的可能只購買過一次，有的可能經常購買；有的或許是因為順路經過而購買，有的或許是有計畫的購買，只要以前有過交易紀錄，即使現在不再上門，這些人仍是該企業的「顧客」。

㈡第二種顧客：現在型顧客

第二種就是正在和某企業進行交易的人。即使是第一次，只要正在進行交易，不論成交與否，都是「顧客」。

[2] Paul R. Timm (1998), *Customer Service*, NY: Prentice Hall Inc., p.3.

[3] 衛南陽（1997），《顧客滿意學》，牛頓出版有限公司，p.2。

㈢第三種顧客：未來型顧客

第三種就是未來可能會購買的人，這個範圍最廣泛，從兒童到老人都有可能會在未來成為企業的購買者。

即使目前尚無能力，也許某一天會因為條件成熟而成為顧客。至於這個「成熟條件」，會隨著時間及個人努力程度變動，所以這些人當然都是廣義的「顧客」。

二、按所在位置區分

還有一種由學者提出，而且廣為大眾所普遍認同的分類方法，是依照顧客所在的位置加以區分為以下兩種類型。

㈠內部顧客

內部顧客是指企業內部的從業人員、基層員工、主管甚至股東都包括在內。

除此之外，企業內部在上對下、部門與部門、上游與下游、母公司與子公司之間，都存在著類似業者與顧客之間的關係。更重要的是，內部顧客是滿足一般性（外部）顧客的根本人員。

內部顧客還可進一步地以「工作關係」細分成三種：

1.水平支援型

彼此獨立作業，如果遇到困難則互相幫助，這種組織常見於一般的服務業。

2.上下源流型

某位員工的工作，是承接自另一位員工，而自己的工作在動作完成之後，又必須移轉給下一位員工，是一種承先啟後的模式，這種型態在工廠中較為常見。

3.小組合作型

是上述兩種型態的綜合類型，是以主從位置來畫分。如果是水平支援式的小組作業方式，在同組的上下關係中，與其他各組又有水平支援，就稱為「橫向小組合作型」；如果是上下源流式的小組作業方式，在組內的水平支援之中，還有彼此各組的上下關聯，就稱為「縱向小組合作型」。

㈡外部顧客

外部顧客就是一般所慣稱的「顧客」，基本上可以分為以下兩種：

1.顯著型顧客，必須同時具備下列各項要件：

⑴具有足夠的消費能力。

⑵對某種商品具有購買的需求。

⑶了解商品的訊息和購買管道。

⑷可以為業者帶來立即的收入，所以這也是同業所極力爭取的消費族群。

2.隱藏型顧客，也有一些特質：

⑴目前礙於預算不足，或不具消費行為能力。

⑵可能具有消費能力，但沒有購買商品的需求。

⑶可能具有消費能力，也可能具有購買商品的需求，但缺乏商品資訊和購買管道。

⑷會隨著環境、個人條件或需要的變化，而成為「顯著型顧客」。

隱藏型顧客雖然不能為企業創造立即的收入，但是不可忽視，因為一家企業的生存，固然要仰賴「顯著型顧客」，若要永續經營，還要靠眾多的「隱藏型顧客」能在未來逐漸變成 「顯著型顧客」，為企業注入源源不絕的活水。[4]

「顧客」是企業的衣食父母，更是員工薪資的最終支付者，只有顧客願意一直上門購買，企業才能生存，否則，失去了顧客，企業絕對無法立足。

---

[4] 同上註，pp.3～10。

第二節　顧客滿意的構成要素

當富裕時代來臨，市場達到飽和狀態時，企業間的競爭日益激烈，原本掌握於賣方手中的市場主導權轉到買方（顧客）手中，已進入顧客選擇商品時代，經營環境也由生產導向變化到顧客滿意導向，就是CS經營（Customers satisfaction management），即顧客滿意經營，其演進請參見表3-1。

表3-1　顧客滿意之演進

演變過程	生產導向	銷售導向	行銷導向	顧客滿意導向
重視焦點	生產產品	銷售產品	整合各項行銷手段	顧客滿意
執行方法	品質控制以至於全面品質管理	積極銷售、推銷術、大量廣告	行銷組合與企業形象之塑造	統合生產、行銷、服務、資訊、創新、人力資源管理等融合企業文化
目標	大量生產，薄利多銷	銷售極大化以獲致最大利潤推銷	行銷附加價值極大化	顧客滿意極大化

資料來源：D. Alan (1994), *AMA Handbook for Customer Satisfaction*, New York: American Library。

日本產能大學教授持本志珍先生，曾經對顧客滿意的內容，做了以下的解釋。他認為顧客滿意的構成內容，可以簡單分成三種實體項目：

第一種是與商品有關的項目：包括價格、品質不良點、品質優良點、產品和服務的價格都是要考慮的重點，然而品質的優點，即不像價格一樣是容許有客觀標準的存在，對於商品的好壞感受，都是由顧客主觀來認定。

第二種是與印象有關的項目，其中包括顧客對經費實況的評價、商品的評價，以及就企業形象上的看法。也許顧客的角度會因為所在的位置，不能看到企業全貌而有所偏頗，但是一定會根據所看到的、所聽到的，以及親身所感受到的服務，去評斷每一家公司。換句話說，就是口碑的建立。

第三種是服務有關的項目，其中包括公司對顧客提供的人員服務、商品服務，以及有關增進顧客關係的各種活動設計。[5]

張百清（1994）認為：影響顧客滿意度的三個構成要素是商品、服務串連而成的直接要素，以及企業形象造就的間接要素，以往重視的商品硬體價值是品質、機能、價格等，只要價廉物美，顧客就滿意；但到現今的富裕時代，顧客還要求商品軟體價值的設計、操作順利性等，並進而要求銷售前後的服務品質（圖3-1）。

由於企業在商品類別上的差距愈來愈小，因此銷售服務的差距仍決定企業的優劣。換言之，顧客滿意度的比重由商品轉向服務。此外，今後受重視的是影響CS品質的間接要素——企業形象。企業形象的內容包含了社會貢獻活動及環境保護活動，若是積極參與這些活動，則會獲得「認真面對社會、環境問題」的企業形象，給予顧客好印象；反之，無論商品、服務如何優良，如果企業不重視社會、環境問題，則形象評價低落，導致顧客滿意度下降，因此，雖然對企業來說是增加了新的活動，但也是企業必須負擔的社會責任。[6]

5 同註3，p.51。

6 同註1，pp.37～39。

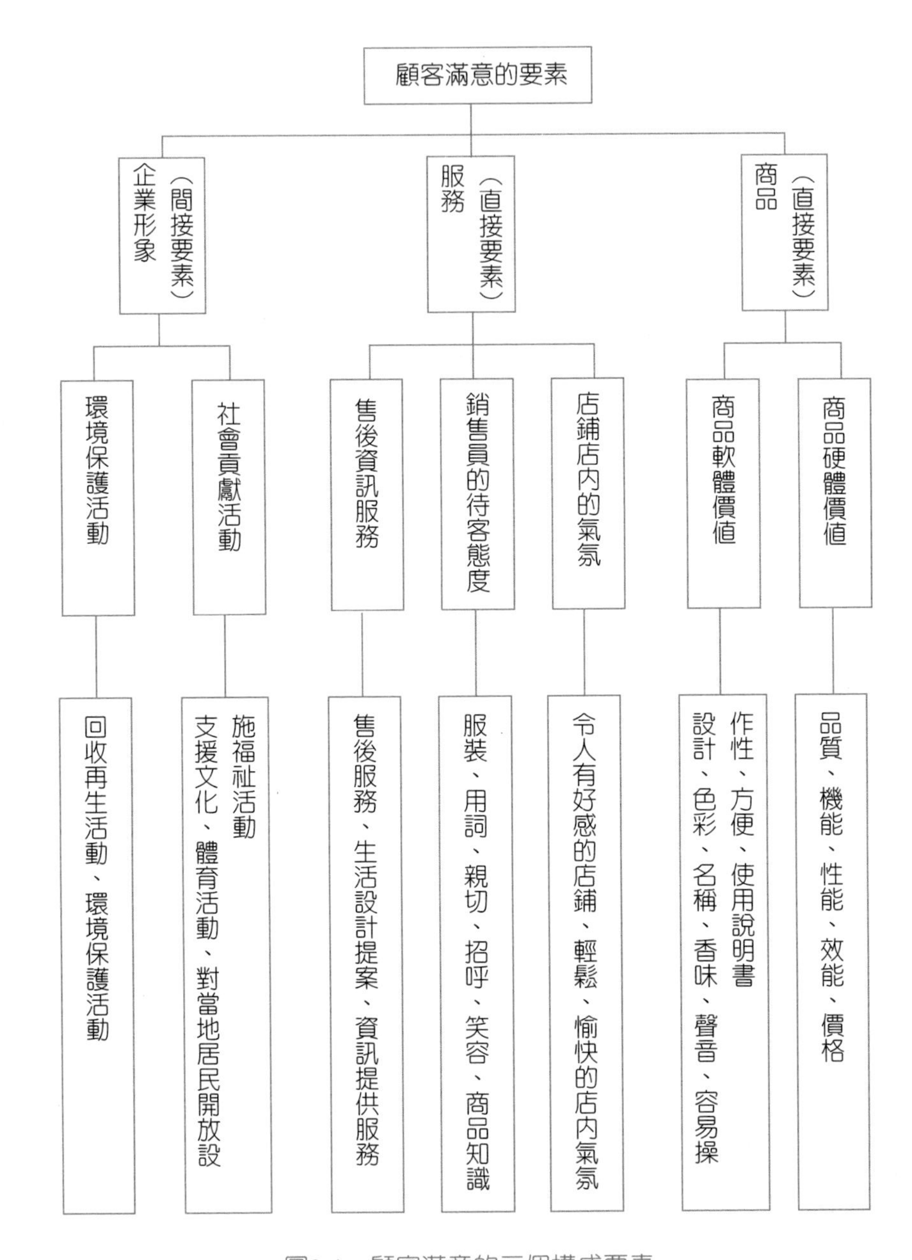

圖3-1　顧客滿意的三個構成要素

資料來源：張百清（1994），《顧客滿意萬歲》，商圈文化公司，p.38。

第三節　顧客滿意架構與服務理念

一、顧客滿意架構

服務是以顧客滿意為重心的行業，其品質與服務提供單位的服務策略，提供服務的系統與員工形成「服務三角」（圖3-2），扼要表現出高品質的服務要素和彼此間的相互關係。

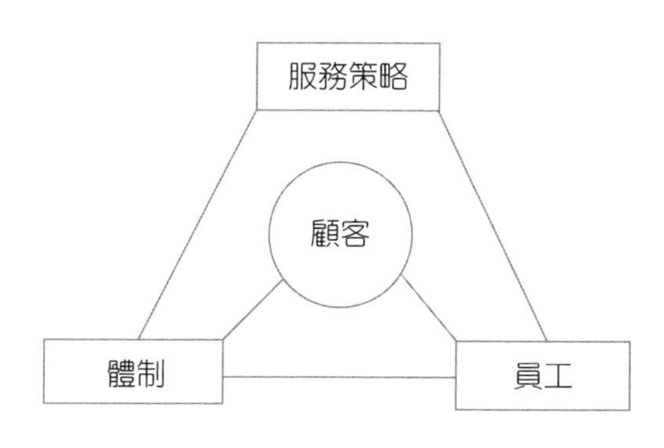

圖3-2　顧客滿意結構圖

資料來源：本研究整理。

三角形的頂端是服務策略，它是獨一無二的銷售見解，一種符合顧客價值體制而提供服務的特殊方式，例如麥當勞的策略為強調清潔、服務、品質及價值（CSQV）。

右邊是員工，員工是服務提供者，包括第一線的服務人員及第二線的幹部（他們不一定會與顧客接觸），以及管理幕僚，督導整個服務公司的運作。

左邊則是提供服務的體制，例如實體設備、政策、程序和溝通過程，都是依方便顧客的導向而設計，經由這個體制使員工能提供最佳服務。

最後三角形的中心是顧客，他（她）們是服務的對象，所有其他三個因素都是因服務顧客而存在。各因素間彼此相互關係密切，成為一個關鍵。例如體制應支援員工，員工必須了解服務策略，並且必須與顧客相處融洽。

在設定服務品質設計時，應廣泛的環視周遭各種因素，確立適用性，選擇切合使用者需要的設計構想，然後將構想轉變成規格。依據上述分析，可知時間、福祉（Well-Being）和延續性是決定服務品質的重要因素，分述如下：

㈠時間是服務品質的要因

服務業中一項顯著的特色，就是認定提供服務所需的時間為品質的要素，有些服務業，在不同時間的畫分上非常細緻：

1.接近時間

這一段時間從顧客首次企求服務公司對其注意至獲得注意為止。對於接近能力標準的解釋，大致有如下數種形式：

⑴打進來的電話，應有80%在第一次鈴聲響後，予以回答。

⑵測定電話接近時間，可藉電話設備自動予以記錄。

⑶其他接近時間的形式，當需要觀察員作抽樣研究。

2.等待時間

消費者所關切的事項如下：

⑴等待時間的長短，公司應該根據過去的紀錄以及機率的考量，從事規劃。

⑵等待的公平處理，就是遵守「先進先出」的原則。如某些公司行號（銀行已普遍使用）利用編號順序辦理，顧客仍然免不了枯坐等候，但免費提供茶水書報雜誌，都是提升服務品質的最佳措施。

3.服務時間

這一段時間，一般都訂為從接受顧客訂單開始，一直至完成顧客所需的服務為止。例如：直飛的航班就受到旅客歡迎，因為，旅客重視的是從起點到終點所需的時間之故。

在很多情況下，提供服務所需的時間，常是一行業興盛的決定因素。譬如，由於顧客用餐的時間有限，因此有速食業應運而生，以滿足顧客的需要。

鑑於服務時間的重要性，服務業應該：

1. 建立各種服務時間單元的標準，並設立實施這些標準的管制。如披薩外送時間的約定、超時補償辦法，都是服務的承諾。
2. 充分研究服務的案例，找出時間究竟浪費於何處，以便改進縮短現行的服務時間。
3. 設計未來的系統時，以服務時間作為一主要的變數。譬如租車公司對其「常客」的服務——縮短所需時間，做法是調查這些顧客的信用，建立一項特別檔案，節省其未來信用的查核及有關的手續。[7]

㈡為消費者的福祉而設計

服務業體認到影響消費者福祉有積極性與消極性兩面。有關積極性方面為：

1. 氣氛

有些服務公司採取積極的措施，創造適合顧客喜好的氣氛。顯著的實例可由從事於旅遊、休閒及娛樂事業的服務業中發現。在顧客中可能多數為商務旅行的人、年歲大的老人、未婚的青年人，及攜帶孩童的年輕夫婦等。這些人中，他們的喜好各不相同，因此服務業也不得不在裝潢、供給物品、飲料及休閒活動用品上，作不同的設計，以適應廣大的需要。

2. 受人尊重的自我感受

因為服務是對另一人所做的工作，許多消費者認為服務公司與顧客之

[7] 戴久永（1983），《以客人滿意為重心；服務業經營錦囊》，中興管理顧問公司，pp.120～129。

間的關係，不啻如僕人對待主人，這一觀點令消費者感到唯我獨尊，自然期望受到重視、禮遇、尊敬以及主僕間共同應守的權利與義務。服務業深知此一觀念，對所屬員工特別強調禮貌等重要性。有些行業更進一步在其顧客關係的計畫中，設計一些要件，促使消費者能受到尊重的感受，如正式「歡迎光臨」、各種持續的關注、免費紀念品、感謝函等等。

3.諮詢服務

另有一件關於福祉的措施，是讓顧客獲知他想要知道的資訊。譬如：火車誤點，旅客等著搭乘該班火車，就應該讓他知道關於預計的開車時間。這項「必須知道」的目的並非是旅客根據延誤時間的長短，而是基於人類希望了解周遭事物，主宰環境的本能欲望而「必須知道」。

消費者獲知他想要知道的資訊，愉快安心的感受就油然而生。因為他擁有預測未來所需的資料，可以隨意選取對策。想要知道的若有所欠缺，他只有人云亦云，聽任謠言驚恐所擺布，惶惶然而不可終日。

4.安全保障

由於使用人將他的個人生命財產和福祉完全信託於服務業的安排，所以「服務安全」猶如產品安全一般的重要。旅館、飯廳、交通等對於安全的保障，都有責無旁貸的職責。

(三)爲服務的延續性而設計

很多的設計，包含有不少規定，就是不管所遭遇的困境如何，仍然不斷維持其服務。電信局與航空公司遇到正常航路或線路發生阻礙時，就啟用預備路線代之。專業服務團體中（醫生、律師），任何成員一旦有事，其工作也不會中斷，繼續推行如常。有時以代替變通的物品或方法——品級提高：譬如說，旅館或租車服務中心，為了兌現顧客訂位保證，只有以保證價格給他較高等級的房間或車子。另外一種常見的方式，在修理廠中經常採用，就是客戶的裝備在修理之際，由廠中貸借一種類似的裝備以供使用。

(四)其他服務的設計

除了供應基本需要之外，服務業必須另增數項特別突出的設計，以應付廣大的消費者中各種少數的常客，即注意個別差異的服務。

1.為個別要求而設計

人類的需要與喜好，相差極大，其所不同，起源於個人的身分與偏好差異。服務業必須應付繁雜眾多的需要與嗜好，但是為了經濟原則，選擇範圍不宜太大。方法如下：

(1)為顧客創設不同的花樣以供選擇，如餐廳的菜單、不同式樣的服裝。

(2)提供吾人便於調整的系統設計，容許使用者各本其個人的特殊需要，自行支配這一系統。典型的實例就是自動電話系統，使用者可隨心所欲選擇通話地點，同時更能無遠弗屆，方便無比，毫無人為的干擾；另外如自動販賣機又是一例。

2.技術協助

這種協助對消費者而言十分重要，例如由於一般人對於技術缺少必要知識，需合格的專家協助發現其真正的需要，譬如電視故障或電腦當機。另一些情形所需要的只是一些說明或解釋。譬如：保險的規定及內容，航空班機的時間表等。

3.簡單明瞭

對成千上萬的顧客提供一項服務設計，絕對需要簡單而明瞭。許多的消費者無法了解各種繁雜規章、差異、影響等等，更多的消費者不願花時間去了解一切。唯一所企求的，只是信手一拈，服務就來而已。

4.各種輔助性的服務

服務業充滿著很多免費服務，作為品質設計的一部分，提供給顧客。

例如加油站對旅客提供洗手間的設施；汽車旅館提供免費服務代訂遠處城市的住宿或安排交通；航空公司對旅客提供閱讀書刊。這些輔助性的服務最初設計的構想部分是為了競爭，部分是滿足顧客福祉的特殊需要。

服務業的品質是以滿足顧客為重心，顧客接受服務後的感受與期望的服務之間的差距愈小，顧客滿意度自然愈高，因此為了達成顧客滿意的目標，服務業者實有必要去發現差距所在。一般而言，顧客認知與業者認知的差距來源至少有下列數點：

1.業者誤解顧客需求，因此所提供服務無法滿足顧客。

2.業者無力提供應有設備或聘雇高水準員工。

3.業者的廣告誇大其詞，使顧客產生過高期望。

4.由於服務人員個人表現的差異（可經由不斷的教育訓練來減緩差異）。

服務業者應經常由各種方法了解顧客的感受，而不斷努力滿足顧客需求，才是成功之道。

二、顧客服務理念

顧客滿意應從服務的基本理念之建立開始，否則任何的做法都流於形式，都不能達到長治久安的地步。分述如下：

(一)重「質」爲先

如果想要贏得顧客並且希望能夠長久保有，祕訣就在於使他們感到滿意，不論是產品或者服務，都要絕對的「顧客滿意」建立信譽和品牌。

(二)掌握顧客口味

我們要做的事情只有一件，我們應該像朋友一樣，協助顧客購買他需要的東西，而不是賣給他。因為解決了顧客的問題，就等於解決了我們的問題。

㈢滿足顧客的需求爲出發點

永遠不要忘記告訴顧客一件事，就是當他擁有我們的商品之後，他的感覺會有多好、有多滿足；而不是告訴他，我們的東西有多好。因為我們的好與他無關，他的感覺如何，才是我們應該注意的地方。

㈣服務過程與商品同樣重要

顧客只願意購買兩樣商品，一件是讓他有愉快的感覺，如休旅車可以載全家出遊，另一件則是問題的解決（售後服務的方便與親切），這兩件商品同等重要。因為「愉快的感覺」來自我們的服務，「問題的解決」來自我們的商品。

㈤以客爲尊

請大家務必記住，只有給顧客更「可靠的關懷」與「貼心的照顧」，如同自己的朋友家人，才能讓顧客再次上門。

㈥每一位員工都是公司的代表

不管在任何時刻，所有的人都代表公司的形象，因為顧客對公司的印象，來自於你給他的感覺。

㈦重視人才，及時獎勵

提供使顧客感覺滿意的服務，是每一個人的責任。獎勵那些使顧客滿意的員工，則是管理階層必須擔負的責任。所以，顧客所得到的對待是什麼，就是員工在公司裡所得到的對待。

㈧把握第一次接觸的機會

顧客是否願意繼續再次光臨，完全依賴這一次我們能不能讓他滿意；只有即時做對事，才能夠讓顧客感到滿意；不能即時做對事，事後做再多的好事，也彌補不了。

(九)良好的溝通塑造美好的形象

一個企業成功的最重要因素，就在於員工態度與顧客良好的溝通。讓員工感到滿意，公司就會有愈來愈多滿意的顧客；讓顧客感到滿意，我們就可以贏得並且保有更多的顧客。

(十)找出顧客的需要

要獲得顧客的滿意與忠心，只有一種做法，就是要先找出顧客的需要，以及他們希望我們如何去滿足他們；然後設法滿足他們的需求，一點也不打折扣。

(十一)熱誠真摯的服務態度

我們不僅提供顧客品質優良的商品，還提供我們最誠摯的友誼；我們不僅有現場人員在提供服務，全公司上下都是顧客最好的朋友，換言之，真心待客，不只是我們的信念，而且是我們發自內心的做法。

(十二)分工合作彼此感恩與惜福

我們感謝直接面對顧客的第一線員工，因為有你們的優良服務，顧客才會對我們滿意，公司才有收入，也才有公司今天的生存；我們感謝各單位的中階管理人，因為有你們對於第一線員工全心全意的付出、激勵與全方位的支援，公司才有像大家庭般全員一體的氣氛；我們感謝公司的老闆，因為有你對服務水準要求及對員工的關心，使得我們為了滿足顧客而無後顧之憂。

第四節　如何超越顧客滿意度

如何超越顧客的滿意度？E-Plus策略可以收到讓顧客驚喜的效果，至少有六項我們可以運用，由第一個英文字母組成的VISPAC（活力的包裝）。

這六個E-Plus是價值、資訊、速度、個性、附加和便利，當顧客感受到在此六項中得到更多超越他（她）的期望時，忠誠度可能會戲劇性的增加。茲分述如下：

一、價值（Value）

我們銷售的產品如何超越顧客的期望價值？當顧客想到價值，是他們想購買產品的期望，都希望購買物超所值的東西。

價值有兩個特質，第一，顧客可能不會完全辨別某東西的價值，要等到長期品質明顯化，故要先予以通報額外附加（E-Plus）價值給顧客，可以伸展明顯化的時間；第二，價值常與價格相關聯，價值的定義為「產品或服務的品質是與價格相對的」，我們有時買東西是因為看到街上分送或挨戶傳送的傳單，這些不是很昂貴的東西且並不是我們很想要的，只是認為超越自己的期望值。

有時候我們要提醒顧客他們所接受的價值，故有些打折的商店設計以電腦顯出顧客購買的價格明細之外，另外表示打折的價格，以增加顧客感受到得了多少便宜，使顧客認為超越期望，增加其滿意度。

二、資訊（Information）

我們如何提供給顧客有用的、超越期待更多、更清晰的情報？

例如：今日汽車業務員不再告訴你有操作手冊，而你必須自己去閱讀，取而代之的是常常花不少時間給顧客說明新車所有的響聲和汽笛聲。當成交之後還會來關心你。這就是給予額外附加的情報提供。

時常在最好的機會提供E-Plus情報，是慣常使用不同的媒介，如電腦軟體產品常常附贈CD或錄影帶說明的規劃程式，有些如運動設備廣告商，使用錄影帶銷售並示範他的產品，使你的業務提供給顧客更多有用的情報，將使顧客超越他（她）的期望而提高滿意度。

三、速度（Speed）

根據調查顯示，顧客一再轉移最主要的原因，往往是不願意購買產品或接受服務時等候太久，必須要了解無論何種商業，人們都期望及時的反應，甚至連在高級餐廳悠閒用餐，仍然希望適時的服務。

增派作業員改善速度。例如提倡改革的超級市場，當結帳線上有兩個以上的顧客等待時，能夠增開結帳臺，好的速食餐廳在顧客未到以前員工已經用完中餐在等候，可以給顧客比期望快一點的服務。

四、個性（Personality）

如何使你員工的個性讓顧客超越期望？每一個公司或組織都傳遞一種個性特質給顧客，而這種個性是由於在此工作的人員無數小的行為所組合而成，友善、禮貌、有效率、專業和品質，都是經由言詞或非言詞的行為傳達出來。故問題是「你或你的公司如何表現積極的人格以便超越顧客的期望」。

五、附加（Add-Ons）

我們如何超越顧客的期待？藉由贈送或銷售顧客一些他（她）們所需要或賞識的東西，當鞋店出售一雙鞋子時贈送鞋拔或者鞋墊、一雙襪子，都是E-Plus的進行，有時候附加的東西可以出售，有時候是贈送。

例如：加油可免費洗車或贈送日用品；麥當勞全餐再加多少錢可以取得超值的玩具；飯店辦理Check-In時櫃檯有當地出產的免費水果等，都是這種用意。

很顯然的，E-Plus是與行銷相互補充的附加銷售，多數的顧客對於這種附加產品都不會太憎惡亦不會太考究，不過追加銷售時不能太強制，否則容易引起反效果。

六、便利（Convenience）

如何創造你的產品和服務的更方便性，超越顧客的期望，在今天講求效率文化的時代裡，或許是E-Plus最大的可能性。

提高方便性特別有兩點價值，能找回不愉快的顧客和吸引新顧客。

最典型的是負責處理顧客有缺點的產品，「將它帶來我們一定予以替換」。購買新車有問題只要一通電話，商人會約定時間帶回去修理，同時會出借一部車子給顧客先使用。如果顧客認為不方便帶來有缺點的產品，商人可以提供替換的服務。

例如披薩店，你點的食物只要等20分鐘就可以提供，是非常普遍的，且你可以外帶或外送到家。有很多每天感到很不方便的顧客存在，如果你能附加服務使他方便，必定能創造很強的競爭利益，現在有很多的商業利用網站交易都是符合這個理想。[8]

第五節　VISPAC行爲和個性的因素

第四節討論到如何能讓顧客超越期待而增加忠誠度，提出六個機會的E-Plus方案：價值、資訊、速度、個性、附加和便利；現在進一步提出在個性的項目上，如何才能增進E-Plus給顧客的因素。

每一位顧客遭遇的有兩個相互關聯的個性：服務顧客人員的個別性格和公司整體的個性；這個組織的個性是反應該公司的「文化」，文化是許多因素的組合，能強固和增強個別行為。如一個公司是有樂趣的工作場所，員工亦會以很愉快的態度去對待顧客。

---

[8] 同註2，pp.71～78。

個別行為傳達整體的個性，一點小事意味著所有的事，靈巧的行為常能傳達最有力的訊息給顧客，下面十五個主要的個別行為與企業的個性有密切的關聯。當你了解這些要件，就會很快認識E-Plus的機會，茲將個別的個性敘述如下：

一、把顧客當成你的貴賓去歡迎

顧客服務，80%的成功在於對待顧客能當貴賓一般的歡迎，親切的歡迎是一件小事，卻意味著大事一件。

敏捷地歡迎你的顧客，學習隨時等待來歡迎你的客人。在任何一種場合，顧客所感受他等待的時間都比實際流逝的時間長。一位顧客等30～40秒鐘常常覺得有3～4分鐘之久，時間在你忽視之間就覺得拖延。

敏捷的歡迎可以減輕顧客的壓力。他們常常在不熟悉的環境，會感到不安，你是天天在此工作，而他們只是偶爾來訪。敏捷的、親切的歡迎，可以讓顧客感到輕鬆和順利的接受服務。

大聲地說，在顧客光臨時的10秒鐘之內口頭歡迎，即使你忙著和別的顧客服務或聽電話，中止一下去打個招呼，讓他（她）知道你已經準備馬上來替他服務；確實接受顧客的委託。

當他們光臨你的工作場所或商業時，敏捷的歡迎每一位顧客、盡量用口頭、盡快去接受他（她）們的交代。

二、破除矜持

與顧客對話要探詢他的需要。顧客希望是到一處「非常親切的地方」去交易，需要祛除購買時的高度壓力，希望在決定交易之前能輕鬆的瀏覽。

最好破除矜持的方法或許可以採用下列的手段：

1.稱讚。

2.有關氣候或地方有趣的談論。

3.淺談。

在非零售企業時，需親切、誠懇而欣然從事的態度，探詢是否能幫顧客的忙。

三、直率和真誠的稱讚

因為每一個人都希望別人的稱讚，對內部顧客的稱讚可以增加別人對你的支持度和聲望，唯很多人都猶豫給人稱讚，應養成稱讚別人的習慣。

四、叫出對方的名字

一個人的名字是他（她）最喜愛的聲音，如果有機會與顧客接觸，就叫出他的名字，可以建立良好的關係，但是不要太過於熟悉而忽略了尊稱，最安全的稱呼是先生或小姐。

五、用你的眼睛與顧客說話

即使你的場所無法大聲打招呼，或專心去注意照顧顧客，你可以用眼睛去聯繫。很簡單地注視你的顧客，告訴他們你很樂意去侍候，眼睛的聯繫可以增進你與顧客之間的結合。

六、常常問：我要如何去做？

商業需要盡量從不同的途徑提出這個問題，此外正式的衡量和回饋的制度，都需要員工表露能接受的態度。接受別人的批評和評論是一種挑戰，有時候會有挫折感，故不但要有勇氣去接受且實際去要求。你最好的構想往往都是蒐集自別人的建議。

七、用心去傾聽

因為很少人是真正的好聽眾，所以這個技巧使你有一個E-Plus的好機會，當一個人停止說話而開始去聽別人講的時候會感到更有趣味。注意你說與聽的比率，你是否給予顧客至少有同樣的時間？

做一個好的聽者，要注意下述幾點：

1. 從接觸來判斷顧客的說話，並不是一切順著他們所說的，顧客可能說的不對，但是他們還是比別人更清楚需要什麼。
2. 不要急，顧客沒有把話說完之前，不要急著去做判定。
3. 用心的聽，保持眼睛的接觸和訓練你自己專心法傾聽顧客在說些什麼，不要分心。
4. 不要分散你的注意力，集中注意力在顧客身上。
5. 顧客說的要求能表達清楚，才能充分了解他們的需要。

八、說「請」和「謝謝」

「請」和「謝謝」，是建立與顧客之間的和諧和增進忠誠度最有力的語言。

九、保證顧客決定與你所做的生意

購買者的懊悔，可能由於太快感到美好所致，尤其是決定一樁大買賣，這個時候，你可灌輸給他保證這是最好的購買決定，以免顧客感到懊悔。

像這樣的詞句：「我想你一定是很早就喜歡這個東西」，或「你的家人一定會喜歡它」，可以幫助保證和增加顧客決定購買的信心，最重要的是會讓他感到這是好的決定。

十、微笑

有一句諺語：微笑，使人驚奇你已經勝任。更重要的是，微笑告訴顧客，他來對了這個親切的地方。

記得微笑是發自兩個地方，嘴巴和眼睛。用你的眼睛和嘴巴微笑，讓你的臉表現出你多麼高興客人的光臨。記得，你沒有微笑就是尚未準備去工作。

十一、使用良好的電話技巧

成功使用電話的關鍵，是要記得你的顧客雖然看不到你，但是你的挑戰是要用你的聲音有效的完成與顧客溝通。

1. 接到電話時要報出你的名字。
2. 對著電話微笑。
3. 保持與來電者給予報告，即使你要找些資料，也要告訴他你正在處理。
4. 請來電者給予重點指示。
5. 如果無法立刻解決，與來電者約定處理結果回答的時間。
6. 講話的音調、速度和大小要有變化，讓來電者聽起來自然親切。
7. 小心掛斷電話，如果處理事件要一點時間，徵求來電者同意稍後再給予回覆，但不要失誤。
8. 謝謝來電者，讓他知道對話已經結束。
9. 要使用親切、圓融的語言，絕對不可以怪罪顧客，更不能傳達客人的要求是無理的。

十二、注意適當的時間

要在適當的時間去追蹤顧客，用電話或書面在適當的時候去問候他。

十三、主動與顧客接觸

適當的接觸是一種有力的溝通方式。但是要有禮貌，不要過度的親密或有關性的弦外之音。

十四、要能欣賞多樣的人

我們能夠保有每一次遇到的喜歡顧客之態度，當然我們要很快去學習適應，有些顧客的情緒不是能讓我們感到愉快；多數是容易相處的，有些是較特殊，少部分真是很難應付。

每一個人都有他不同的獨特個性，最讓我們感到煩惱的是，他不一定順我們的好意，要能接受這種完全不同的意見而學習欣賞他。要知道每一個人的需要是建立在不同的水準上，善用一點時間去對待他們，將會增進最大的善意。

工作時要注意言詞方法：控制你的主觀說話，避免說到對別人負面或批評的話。如果你能夠注意一段時日，這種言詞訓練會成為你不要花費的習慣，你會發現自己將更喜歡別人。

十五、保持積極銷售的態度

「每一位員工都是銷售員，無關你的職位」，鎮靜的自信心比技巧更重要。時常保持積極的態度：

1. 我能很快而輕易的讓一位陌生人成為朋友。
2. 我雖然過去並不結識他，但可以吸引他讓他注意我。

3.我希望有新的工作。

4.我很想和任何人相遇而建立良好的關係。

5.我很喜歡向一群管理者做銷售介紹。

6.我在各種場合的穿著，都覺得很有目信。

7.我不介意用電話和陌生的人約會。

8.我很樂意去解決問題。

9.我感到非常的無憂無慮。

具備以上所述的態度，你對銷售產品或服務就沒有什麼好擔心了。[9]

自我評量

1.何謂「顧客」？

2.顧客滿意的三個構成要素為何？

3.時間是服務品質的要因，其內涵如何？

4.服務業影響消費者福祉，有關積極性的設計與措施方法如何？

5.如何超越顧客滿意度？

6.如何做一個好聽眾？

7.良好的電話技巧為何？

[9] 同註2，pp.91～103。

第四章

服務品質管理的基本概念

摘　要

管理是管理者爲了實現既定的任務，運用管理的各種職能對相關的人、事、財、物所進行的一系列活動的總稱，係指妥善運用規則、組織、任用、指導、控制及協調等工作，以有效運用企業內所有人力、資金設備、物料、市場以及工作精神要素，使彼此之間能密切配合充分發揮它的效率，達成預定的目的之謂。

管理，爲了維持所預期的狀態，戴明用不斷重複計畫（Plan）、執行（Do）、檢討（Check）、改善（Action）等四種活動，稱爲PDCA管理循環。依此基礎擬具更詳細的八個施行步驟：Plan：決定目的、目標；Do：施行教育訓練、執行工作；Check：確認，若沒問題就回到Do，有問題進入下一步驟；Action：上一項有問題，則應採取緊急處理，採取永久性的處理對策，最後確認處理結果是否良好，再回到Action。

品質管理或稱品質管制，有時亦可稱爲統計式的品質管理，其發展史，可以概分爲五階段，即第一階段回溯至十九世紀，可稱爲「作業員之品質管制」；第二階段自1900年初期，演進爲「領班之品質管制」；第三階段「統計的品質管制」；第四階段「全面品質管制」；第五階段「品質保證」。

品質管理的基本態度：1.顧客至上、2.全體參加、3.自主性、4.追本溯源、5.重實質不重形式。

服務品質應該由購買商品的顧客決定，這個觀念在第二章已經詳細說明過。這個觀念必須徹底灌輸給全體員工，一致努力生產符合顧客要求的品質。本章擬對服務品質管理的基本概念再加以說明。

第一節　管理的定義

關於管理，不少專家、學者做過各種的說明，列舉數則介紹如下：

一、泰勒（Taylor）

根據科學管理之父，美國管理大師泰勒氏（F.W. Taylor, 1856～1915）的定義，係指「使部屬正確地知道要實行的事項，並監視他們以最佳及最低費用的方法去執行這些事項，便是管理」[1]。

二、Western Electronic公司

Western Electronic 公司所出版的書，對管理一詞，所作說明是：「使某物維持在範圍之內」（To keep something within boundaries）。並說明為：「使某物成為吾人所希望的」（To make something be have the way we want to do）。

即，所謂管理乃是「決定目標，並查核是否按照目標進行。若有偏差，則應加以修正及處理，以實現目標」[2]。

三、林玥秀

林玥秀（2000）列舉一些學者的看法：

[1] 林玥秀等（2000），《餐館與旅館管理》，國立空中大學，p.13。

[2] 簡錦川譯、古畑友三著（1991），《品質管理者的五大決策》，經濟部國貿局，p.8。

1. 管理是經由他人的努力，以完成工作的一種活動。

2. 管理乃是運用計畫、組織、任用、指揮、控制等管理程序，使人力、物力、財力等工作做最佳配合，以達成組織目標的活動。

3. 管理乃是將人力、物力、財力等資源，導入動態組織中，以達成組織預期目標，使接受服務者獲得滿足，亦使提供服務者享有成就感的一系列活動。

4. 管理乃是運用企業的組織，聯繫及配合財物、生產、分配的工作，決定事業的政策，並對整體業務作最終控制的意思。[3]

由上述各專家學者的論點，我們可以了解，服務業若要有效率的經營，達成既定盈餘目標，必須運用資源，並且在業務上妥善作好管理工作。

總之管理是管理者為了實現既定的任務，運用管理的各種職能對相關的人、事、財、物所進行的一系列活動的總稱，係指妥善運用規劃（Planning）、組織（Organizing）、任用（Staffing）、指導（Directing）、控制（Controlling）及協調（Negotiation）等工作，以有效運用企業內所有人力、資金設備、物料、市場以及工作精神要素，使彼此之間能密切配合充分發揮它的效率，達成預定的目的之謂。

第二節　管理的方法

管理，就是「設定目標及計畫，按照計畫實施，再檢查實施的結果成效是否良好，若發生異常狀況，立即採取修正措施」。換言之，為了達成既定目標採取各種方法或手段，便能達到目標，並且維持所預期的狀態。[4]

為了維持良好的狀態，必須如圖4-1「管理循環」（PDCA循環）標示。

3 同註1。

4 楊德輝譯（1991），服務業的品質管理（上），經濟部國貿局，p.49。

反覆地展開管理的活動。

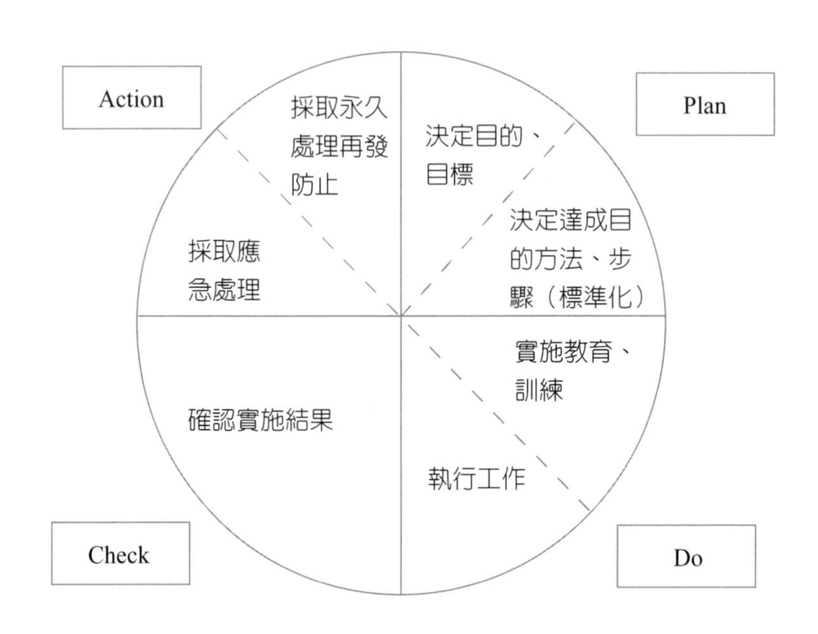

圖4-1　管理循環（PDCA循環）

資料來源：陳耀茂（1996），《品質管理》，二刷，五南圖書出版公司，p.29。

本循環是不斷重複計畫（Plan）、執行（Do）、檢討（Check）、改善（Action）等四種活動，因此也稱為「PDCA管理循環」或「戴明循環」（Deming cycle）。

我們再以「游泳池溫度管理」為例來說明。首先Plan的步驟是先使基準溫度明確，設定開館時的控溫方法。其次，Do的步驟是開始實行Plan階段所設定的方法。接著是Check，檢查看看溫度是否照基準達成？若未能達成則採取必要的解決措施（Action）。採取措施時，不只是要使溫度恢復基準而已，還必須分析為什麼溫度無法達到基準溫的原因，讓同樣的問題不再發生。

石川馨先生曾指示過運用PDCA循環時的具體實施步驟，以下我們乃以這些為基礎，提供更詳細的八個施行步驟：

1.決定目的、目標→Plan

2.決定達成目的的方法、步驟→Plan

3.實施教育訓練→Do

4.執行→Do

5.確認→Check

若沒有問題就回到步驟4，有問題的話就進入步驟6。

6.第5項的確認若有問題，則應採取應急措施→Action

7.採取永久性的處理對策（防範再發）→Action

8.確認處理結果是否良好→Action

以下依序分別加以說明：

1.決定目的、目標

經營者最重要的工作是根據長期策略決定方針。有了這個方針始能決定目的。而所謂目的是指明確要做什麼？為什麼要去做它？所謂目標是指應達成具體數值及達成目標所需之基本資源（物、人、資金）的限度及達成期間等而言。

決定目的、目標時，必須留意數個目標之間的統合、整合性，尤其是服務業這點特別重要。服務業的商品通常就是從業人員的行動本身，這個行動本身的品質就是評價的對象。而且就算這個行動99%被覺得滿意，只要有1%的不滿，顧客的滿意程度就可能減半。例如投宿大飯店時，只要住宿登記（Check-in）的辦理動作稍慢，就算房間的設備再好，顧客仍然會感到不滿。所以，整個品質非常重視統合性、整合性。

另外，確認目標達成的尺度最好也要先規定好。這些尺度我們稱之為「管理項目」或「管理特性」。另外，也有人稱目標值為「管理水準」。溫水管理中的「溫度」及攝影機銷售管理中的「成交率」都是管理項目。

2.決定達成目的的方法、步驟（標準化）

目的、目標決定之後，應該接著決定實現它的方法（手段）、步驟。

決定達成目的方法的步驟，我們稱之為「標準化」。此語普遍用於製造業，但在服務產業裡比較不習慣這種說法，但事實上就是指「將工作程序化」、「步驟化」。此外，就算已經決定了足以令顧客感到滿意的「內容」、「水準」，成果可能會因為執行的人、執行的時間、時期及場所而有不同的成績。成果不能一致，有時令人滿意，有時又未能達到期待水準，那麼顧客的滿意程度也會隨著降低。

所謂標準化是指決定一個工作的施行方法（包括順序、程序），只要依據這個方法，「不論誰去做、何時去做、在何處做」都能令顧客感到滿意。而將這些已決定的事項做成的文書則稱之為標準書。也有人稱之為「步驟書」或「指導手冊」。想要達成目的，只要依據這些標準去做，就可以省掉不必要的嘗試、浪費而獲得成果。能夠具體寫明的行動與作業相關技術的，才能算是好的「步驟書」、「指導手冊」。

「標準化」的另一個優點是可以做到「防患未然的管理」。換句話說，不必「摔倒了才知道要小心」，可以事先「未雨綢繆」、「及時糾正」而免於給顧客帶來困擾，並提高其滿意程度。

中國的成語裡也有類似的說法，例如「先馳得點」、「先發制人」、「事前一慮勝過事後百慮」、「七分準備三分實行」等等。「步驟書」、「指導手冊」重視的是「事前的管理」，而不是發現結果失敗了才急忙想對策的「事後管理」，這也是為什麼它會成效顯著的原因。

3.實施教育訓練

不管規定再多的「管理項目」或「管理水準」，製作再多的「步驟手冊」，如果不去閱讀，也不去遵守它，那麼不但無法達成期待的目的、目標，也無法保證品質（滿足度）。要使大家養成依照步驟書、指導手冊去作業的習慣，必須有教育訓練才行。這種情形剛好與開車一樣，不管有再完善的指導，如果沒有一段相當期間的教育訓練，仍然無法實際駕駛。尤其是全面品質管理（Total Quality Management, TQM），它是一種改變「觀念」的意識革命，所以上自企業老闆到管理者，甚至是第一線的工作人員，都必須革新其思想。唯有革新其思想（意識革新）才能改變行動，行動改變了，結果（業績）才能改變。要革新思想必須有教育訓練。我們常可發現許多問題的由來都是因為從業人員的疏忽、反應不夠快，而這種現象的產生又多半要歸罪於教育訓練做得不夠徹底。應該分配多少經營資源在教育訓練上，是推行TQM時經營者就應該下決策的重要事項。

有人說「品管始於教育、終於教育」，其由來即在此，尤其在品管或TQM中，常常喜歡使用「活動」這個用語。「運動」是表示一段期間內的動作，「活動」則是指永遠性的動作。只要是TQM活動，那麼它的教育就要一直無止境地做下去。

4.執行

執行的基本是依照教育訓練所學的，以及依照規定的步驟、指導書去執行作業。

但是，如果服務業所進行的是對人服務，未必一切都要按照標準去做。因為一個能令顧客感到欣悅的方法，用在別的顧客身上說不定反而招惹不滿。學會一種標準方法後，還要懂得隨機應變才行。想要讓工作人員懂得隨機應變，懂得圓滑的應對，除了必須讓他熟知業務的目的之外，尚需透過各種實例，仔細向他說明企業的基本觀念才行。

5.確認

針對設定的管理項目，掌握其實施結果（評價、測定）。而管理項目是掌握實施結果的對象，以下即簡單介紹其重點。所謂「管理項目」

是指評價工作要點的代表性指標，也是用以確認業務的執行是否無誤的重要管理點。根據日本工業規格（JIS Z8101）品質用語的解釋是指「在全公司的品管中為了合理進行品管活動所列出作為管理對象之項目」。

確認工作是否已完全依照目的、目標實現，並把確認結果記錄下來作成數據是非常重要的。但是，服務業成功與失敗的結果都是當場發生，多半不容易記錄下來。例如餐廳的客人誇讚「味道很好」，我們很難在客人面前就把它記錄下來。同樣的，顧客有任何抱怨，也很難在他們的面前立刻做下紀錄。

關於這一點可以說是服務業在進行TQM上的一項祕訣。應該可以充分利用錄影、錄音機的功能。最好盡快對失敗的結果做成紀錄，這些紀錄將可成為寶貴的情報，幫助我們知道如何去提升品質，並可根據它做成教育指導手冊。教育指導內容可分為「成功範本集」和「失敗反省集」，一般多半以失敗集居多，不過在此建議務必也要記下其所以成功的紀錄，讓品質得以有體系的逐步提升。

確認的階段裡還有一件很重要的工作，是必須去了解「品質變異」產生的原因。所謂變異是指測定值的大小及不均的程度而言。當我們實際去工作記錄了數據，就會發現有變異的情形。通常，我們得到許多數字時，都習慣把它合計、平均看看。而TQM除了重視平均值之外，更重視變異值。發現變異時，應設法找出不同的做法改善工作，使變異縮小。

在TQM中常把數據用層別「區分來」加以分析（亦即把變異狀態分類為某種集合），因為從整體數字或平均數字很難看出其有什麼相關關係。所以甚至有人說「層別等於理解事實」。發現變異可以說是正確理解TQM的條件。理由是所有工作結果一定會產生變異，利用變異的結果可以測定工作方式的好壞。有時甚至可以利用它來執行過程管理。以人的身體為例，從脈搏、體溫、臉色等結果數據的差異，我們可以判斷出身體的狀況，進而知道如何去處理問題。

6.採取應急措施

這是當工作無法順利依照目的、目標進行，發生不盡人意之處或問題時，所採取的一種對策。通常這是一種針對問題的臨時應急性的處理，它暫且不去理會問題的原因出於何處，只是設法讓已發生的問題暫時不要擴大而使損失增大，或帶給顧客、其他工程麻煩。

這種應急處理也叫做「應急對策」。但是除了這種應急性的措施之外，最好還要進一步分析問題發生的原因，採取對策去根除它。這種對策我們稱之為「永久性的對策」。

在以人為對象的服務業裡，經常會遇到客人在面前露出不悅臉色的情況，為使客人平息他們的不滿，必須迅速採取對應措施才行。因此，平常就必須事先檢討可能有那些情況、問題會發生，而不幸當這些問題發生時，必須有立即解決的處理對策才行。

問題發生時，顧客的反應會因人而有很大差異，所以雖有基本的應急性措施仍不夠，還要有隨機應變的對策才行。

7.採取永久性的處理

這是指問題發生或以慢性方式發生時，分析問題的根源（工作方式或組織體制），設法根絕原因再度發生的處理措施。通常也稱之為永久性對策或防止再發對策。很多有過實際推行TQM經驗的公司，都會了解這些防止再發的解析是何等的重要。

它的目的是要讓工作在採取了永久性對策後，永遠不再有同樣的問題發生。如果可把處理對象水平擴大到所有同類工作，那麼這可說是一種更高級的永久處理對策。永久對策的制定、實施乃至貫徹，都需有上級管理階層的理解與所有組織人員的協力。

8.確認處理結果

不論應急措施、永久性措施做得再好，如果只是限於一時未能持久以恆，問題仍然會再發生。而且不論一項再好的處理方式，人員在習慣它之前都需要花時間和努力，有的人不大了解這點，總是認為已經著手去處理就算了事，這點必須特別注意。《QC記事》（*QC Story*）裡有一個「標準化」再發防止的步驟就是因此而有的，利用標準化讓每個人都可以有遵循的依據，再發防止使問題不再復發是很重要的工作，但還有比這更重要的是如何讓這些工作持之以恆，管理者必須特別注意觀察這些處理是否有持續在進行，這樣才能進入下一個階段，繼續向新目的與目標挑戰，讓PDCA逐步前進，盡早提升效果，記住「PDCA的轉動」可以創造企業財富，進而累積企業財富。

第三節　品質管理的定義

品質管理（Quality management）或稱品質管制（Quality Control, QC），是已開發國家、開發中國家都在提倡的運動。首先我們引述一些學者對品質管制的定義：

一、杜蘭（J.M. Juran）

品質管制是制定品質的規格，及為了要使產品的品質達到所制定的品質規格所應用的一切方法。

二、費京堡（A.V.F. Feigenbaum）

全面品質管制（TQC）是組織機構內各部門對品質發展、品質保持、品質改進的各項努力，總和成為一個有效組織，以便使其在最經濟的條件，生產一種可以使顧客完全滿意的產品。

三、戴明（W.E. Deming）

統計品質管制是生產各階段裡，都應用統計方法，使其能在最經濟的條件下產生用途最廣、銷售最好的產品。[5]

四、戴久永

品質管制，是依據消費者或顧客的期望和生產者本身的生產條件，參酌經濟原則，擬定所要生產產品的一切有關生產過程標準，並予管制實施。可將品管定義為「經由量測產品（服務）與製成品質的實際水準，與標準核對比較，然後採取必要的措施，矯正其間的差異，藉以達成所預期的品質之一系列活動」。[6]

五、日本工業規格（JIS Z8101）

在《品質管理用語》中對品質管理的定義為：「一個有助於以經濟的方法做出符合買主要求的品質之商品或服務的手段系統」。「品質管理」有時簡稱為「QC」；另一方面，由於現代的品質管理大量採用統計學的技巧，因此有時亦可稱為統計式的品質管理SQC（Statistical Quality Control）。

日本工業規格（JIS）的品質管理定義如何適用到服務業，分析如下：

㈠符合買主要求的品質

所謂買主即顧客，因此要讓買主要求獲得滿足，就必須從事符合顧客要求的活動。至於能夠滿足這種要求的品質究竟是什麼？首先要考慮

---

5 陳文賢等（1990），《品質管制》，再版，國立空中大學，pp.7～8。

6 戴久永（1998），《品質管理》，增訂三版，三民書局，p.24。

的是顧客所要求的到底是什麼？

例如：顧客明明心裡最想吃的是150元的咖哩飯，而餐廳提供的是100元的價位，雖然較便宜，但恐怕顧客不見得會喜歡，且某些較高級的西餐廳也有高達500元的咖哩飯。因此最重要的是要正確掌握，到底顧客真正喜歡的商品是什麼？

石原勝吉先生曾經與石川馨先生，以東南亞品質管理考察團成員的名義，一起出國考察兩週。當時松下電器的合資公司總經理設宴款待，宴席設在馬尼拉一家非常著名的「馬德里」西餐廳。據說這家餐廳是採會員制，普通人不得其門而入。當天的主菜是雞肉飯全餐，是有名的西班牙菜。即使只是一道名稱不甚起眼的雞肉飯，照樣也可以精心調理，達到顧客滿意的品質水準。

㈡商品品質和服務兩者必須兼顧

儘管笑容滿面親切地服務，但顧客仍對商品表示不滿的話，就還不夠資格稱得上真正的品質管理。製造業也是一樣，售後服務做得太差，下次再推出新產品也沒有人願意買。服務業尤其應該注意這點。

㈢合乎經濟原則

合乎經濟原則可以由兩方面來說，其一是站在接受服務的一方，其二是提供服務的另一方。對顧客服務超過應有的水準，浪費公司資源太可惜；服務不周，以致讓顧客抱怨，更是不可原諒。到底如何做才最適宜？恐怕還得靠QC手法集思廣益，建立一套健全合理的服務體制為要。尤其從品質保證的立場思考，「建立服務的品質保證制度」是一大挑戰。

㈣有助於把品質做出來的手段體系

要設法讓顧客對商品、服務、價錢等各式各樣的要求感到滿意所採取的一套措施，就是屬於手段體系。手段體系有時也可稱為「系統或方法」。對QC而言，非常重視這套手段體系（管理體制）的建立和正確的營運。

正如在JIS的定義中常被提及統計式品質管理，當然也只不過是品質管理中的一種措施。但我們必須了解，這種統計式的品質管理，在現代品質管理當中最受重視。

㈤要有效地實施品質管理

基本上要取得「部門別活動」與「機能別活動」之間的平衡，其次，在服務業也必須針對下列各項目展開活動。部門別活動是指各部門內部的活動，機能別活動則是不同部門間攜手合作共同進行的活動。

1.市場調查

即使是服務業也必須做市場調查。雖然此項活動有必要以機能別活動方式配合努力，但目前一般還是由企劃室或營業單位以部門活動方式來進行為主。今後實在應該編成小組，然後再由各部門合作共同進行市場調查，才是正確做法。

2.研究、開發

研究開發的對象雖然有「商品」、「設備」、「服務的方法」、「材料」等項目，但其中仍以商品開發最重要。這種商品開發，幾乎和製造業的「建立新產品開發管理體制」完全相同。在設計階段的「設計審查」，必須花點腦筋邀請一般消費者共同參與為要。

3.產品的企劃

就是指新產品的開發企劃。以運輸業為例，「代搬旅客行李」、「搬家中心」、「快遞」等新行業都是運輸業的新產品。外食產業方面，推出「季節性料理」或「過去市面上從來沒有的料理」。酒吧、俱樂部這些娛樂場所推出新的服務方式、臺北捷運150元一天走透透，也是服務業企劃成果之一。

4.設計

並非只有製造業才要設計。酒吧、俱樂部等服務業的「專門設計給三十歲年齡層客人使用的店」、「設計活魚的運送方法」、「設計利用飛機的貨櫃以提高裝卸的速度」等，都可算是設計。「料理拼盤的擺設」大概也算是一種設計。

5.生產準備

百貨公司和超級市場都應該有一套「開店前的準備」作業標準化系統。「壽司店的準備」、「料理菜餚的準備」也都屬於生產準備。只要把生產準備做廣義的解釋便可了解。

6.採購、外包

購買原料，給予加工，然後服務的過程，許多服務業也採這種生產模式。因此餐廳、旅館、酒吧、俱樂部照樣也有採購部門。有時也將一部分準備工程外包。例如接送客人的汽車就是靠外包訂合約來管理的做法。委託保全公司防災，也算外包。不管是採購或訂購，最重要的是如何買到物美價廉的東西進來。因此簽訂品質契約的技術和定期舉辦購入品降低成本的活動，非常重要。

7.製造

烹飪做菜、整理床鋪等等，服務業也存在一些製造作業。而且是一項牽涉到和品質保證有關的重要活動。特別是百貨公司、超市的加工，修理服務也必須認為是一種製造活動。超市與消費合作社，許多公司都擁有自己專門的加工工廠，日本有名的外食產業Ringer Hut就在佐賀工廠和東京工廠自行生產該公司所使用的食物材料。因品質甚佳，有些項目還應別家大規模超級市場的委託，代為加工供應。

8.檢查

旅館發生火災時，常因為平日消防設施未維護檢查而導致傷亡慘劇。因此從安全與衛生方面來看，檢查制度非常重要。

9.銷售及售後服務

這是最重要的事項，也是各公司早已傾全力努力執行的工作。相信不論對製造業或服務業而言，都是重要領域。

㈥遍及財務、人事、教育等整個企業活動的範圍

在品質管理的推展中，最重要的首推部門別活動。雖然在此舉出財務、人事、教育等部門為例，意謂服務業中，這些幕僚單位早已組織化了，至於其他部門亦應該積極推展才對，可見全公司上下沒有一個單位能夠逃避這股品質管理的洗禮。尤其是服務業內的營業部門，品質管理活動更是首當其衝。

㈦必須上自總經理，下至管理者、監督者、從業員、全公司所有人一律參加及合作

由經營者本身帶頭做起，各階層全部投入品質管理運動，一般又稱為全員參加。同心協力的品質管理，這也是全面品質管理（TQC）的真髓。相信服務業也應該做得到此境界。

㈧每個階層有其各自的品質管理目標

這是推展品質管理的一項重要課題，一般又稱為階層別活動。身為經營者，或身為管理者、監督者、作業者，不同的職務階層均必須有其各自獨特的品質管理。監督者和作業者配合，共同協力推展的QC圈活動也是一種階層別活動。

管理者主要從事的品質管理，是屬於方針管理活動。另外，大家共通的階層別活動則是「教育、推廣」活動。[7]

第四節　品質管理的發展歷史

品質管理之發展史，可以概分如下五階段：

[7] 同註4，pp.30～35。

一、第一階段應回溯至十九世紀

當時工業界繼十八世紀末的大量生產思想，欲用機械化方式正確的生產同一品質的產品，深知必須確保零件之互換性及設定合理的公差界限。當時雖警覺到需要管制產品品質，但此責任卻仍交給作業員，由作業員對整個產品的製造負責，故可稱為「作業員之品質管制」。

二、第二階段自一九○○年初期

演進為「領班之品質管制」，當時泰勒（Taylor）所提倡的科學管理時期來臨，為決定員工之工作量，需先把工作予以標準化，於是引起了工作標準化的問題，工廠內從事同類工作之一批工人由領班監督，所生產的產品品質由領班負責。最後設專業檢驗員負責監督及檢驗工作。

三、第三階段「統計的品質管制」階段

1923年美國貝爾研究室（Bell Lab.）Dide和Romig發展抽樣檢驗方法。

1924年美國貝爾研究室哈林特（Shewhart）首先將統計理論應用在生產製造，開始有管制圖的雛形。

四、第四階段全面品質管制階段

因利用統計學原理採用抽樣法並注意製造過程的品管，有預防、預測等效能。唯仍認為品管是生產技術人員所職掌的技術問題，經營管理人員未能充分負起品質管制的責任。

1956年美國奇異公司的費京堡（Feigenbaum）提出全面品質管制（TQC），其涵義是品質管制應自產品設計開始，至送達顧客手中感到滿意為止，整理企業經營中的重要機能形成一整個系統（System），使其不限

於製造部門或技術部門，而應由各部門擔負品質管制的責任。亦即全面品質管制係由企業的綜合管理觀點所產生的，是一種交織廣泛的企業管理活動，與早期之品質管制概念迥然不同。

1962年由石川馨博士與工程師公會正式承認「品管圈」（Quality Control Circle, QCC）活動。

1962年美國馬丁公司（Martin Marietta Corporation）實施「無缺點計畫」（Zero defects program）。

五、第五階段品質保證階段

一九六〇年前後已逐漸重視品質保證（QA）的問題。

一九六〇年後半在美國，到一九七〇年代在日本，分別產生了產品責任的問題，除了生產沒有缺陷的產品為企業理所當然之責任外，並需防止消費者的誤用，過度信任所產生的困擾；換句話說，品質保證非做到以維護安全和尊重人命為重點不可的時代已經來臨。[8]

第五節　品質管理的基本態度

一、顧客至上

優良品質產品以低廉的成本去製造，並不意謂能立即為企業帶來利潤。儘管我們努力去提高品質、降低成本，可是如果沒有顧客來購買的話，那麼該項產品也就永遠僅止於產品，無法變成商品。換言之，如果沒有交易行為，那麼利潤也就無從產生。

因此我認為首先要使公司的全體從業人員充分體認到「有顧客才有企

[8] 陳耀茂（1996），《品質管理》，二刷，五南圖書出版公司，pp.3～4。

業」，這是一項極為重要的事。

把滿足顧客這件事與自己的工作相結合起來，如果公司能夠培養出這種風氣，那麼既能滿足顧客，同時也能獲得信用。這麼一來，在公司內所進行的高品質、低成本化的努力，也就能夠逐漸與客戶購買力相結合，必然的就能夠增加利潤。

雖然有心要貫徹「顧客至上」，但是如果沒有具體行動的話，那麼這項理念也將成為有名無實，最後便不了了之。

「顧客至上」是指所採取的行動樣樣都能滿足顧客的需要，當然推行的方法也有很多種。舉凡品質、價格、交期、服務等都是，但是無論如何，品質還是最重要的，因此我們應以品質為中心來管理工作，所有的工作也都要有適當的管理。

像這一些事情，如果在平常都能夠把它做好的話，那麼品質自然就能提高，而且效率好、成本低。一般的管理能力也將因此為之提高，這不僅能夠滿足顧客，同時在同業中也能提高自己的能力，並加強國際競爭能力，當然，利潤也能因此大幅度地提高。

二、全體參加

品質管理不是特定部門人員的責任，而應該是全體部門人員傾全力合作參加而成。CWQC（Company-Wide Quality Control）猶如一部性能良好的車子，是要各個組件正常發揮機能才行，如果一組件不順遂，該車子即有故障之虞。企業中職位雖有高低之分，但職務都是一樣重要，不可厚此薄彼、重貴輕卑。從掌握顧客所需求之品質到不幸發生客訴索賠時的處理，均與任何一個人都有關係。任何人都無法脫離其間。要全體參加最有效的辦法是教育。其具有「情」（意願）和「理」（方法）兩方面。此外也有知識傳授之「教」和實踐之「育」兩方面。兩者一併考慮，不斷的計畫必可推進全員教育。

此外自我培育並互相啟發也是要點，所以「品質管理始於教育，終於教育」。

三、自主性

強制性是被動的，而自主性卻是主動的，所謂自主性就是凡事讓自己來決定不受人左右，以自己的意志來行動，妥善思考，憑自己意志行動，充分發揮思考力、創造力、就是自主性的發揮。近代管理非常重視授權，授權也是發揮自主性的一種方式。

又品管圈活動是構成全公司品質管理活動之一環，也就是在相同職場內自主運作的小組活動。但主動並非隨意胡為，而是在不違反公司方針之下廣泛的自主活動。自主活動即將品管圈活動之內容自動的計畫，依計畫行動，再對結果作主體性之評價。

要培養自主性切記，管理層要若即若離卻又時時關心，隨時提供支援。

四、追本溯源

光看結果而無對策是沒有用的，必須找出原因才行。不是「管理結果」而是由結果來管理「根源」。令人不悅之結果有如死亡診斷書，不想接受它就要平日注意健康管理，亦即除去危害健康之原因，經常保持健康狀態。

因此，要找出原因所在去改善它，針對產生變異之原因好好加以管理。而且，為了防止相同之原因發生相同之現象，當然要確實著手防止再發的行動，因此要養成找出真正原因之習慣。

五、重實質不重形式

品質管理之過程要重實質，勿流於形式。

即使在標準文件中，只是交出數張文件，實際上一點也不合用，絲毫沒有幫助。如書寫格式，將大企業中使用的，及課本所記載的照本宣科使用，而忽略使用者之素質和內容仍然不適用，因此要考慮適合自己公司有實質內容的做法才行。

自我評量

1. 管理的定義為何？
2. 管理的方法有哪些步驟？
3. 品質管理的定義為何？
4. 品質管理的發展歷史如何？
5. 品質管理的基本態度為何？

第五章

服務業的品質管理觀念

摘 要

「顧客至上，以客爲尊」的觀念，在品質管理上稱之爲「市場導向」或「後工程即顧客」的觀念，具體實施的方案：1.貫徹市場導向的觀念、2.貫徹「後工程即顧客」的觀念、3.工作場所要把握五大目標或使命的觀念：品質、價格、時間、安全、道德或禮節。

服務業品質的內涵：1.服務業的品質：積極地從事「對顧客有益處的工作」、2.服務業必要的品質管理、3.明確畫分各階層的職責以確保品質。

良好的服務品質，應該由購買商品的顧客決定。首要之務就是明確掌握「顧客的喜好」、「顧客層」及「顧客繼續惠顧的理由」。能滿足顧客要求的最佳品質，在質、量、價格因素要取得均衡，同時必須考慮集體的品質。

服務業的品質管理重點實施事項爲：1.建立品質保證體制、2.建立利潤管理、成本管理體制、3.建立生產、銷售體制、4.建立QC圈活動的推進體制、5.建立提高顧客滿意度體制、6.建立QC診斷體制。

服務品質之優劣決定於顧客滿意度，所以首要之務就是明確掌握「顧客的喜好」、「顧客層」及「顧客繼續惠顧本公司的理由」。由於服務業直接把商品和服務提供給顧客的機會非常多，長期的環境薰陶下，很自然就培養出一套能掌握顧客需求和滿足的本能，這種「顧客至上，以客為尊」的觀念，我們在品質管理上便稱之為「市場導向」（Market in）或「後工程即顧客」的觀念。公司必須以這種「市場導向」為經營方針，就必定要實施品質管理。

第一節　服務業的經營與品質管理

一、貫徹市場導向的觀念

所謂市場導向，就是「顧客至上」或「消費者中心」的觀念。必須徹底灌輸公司全體員工產生共識共遵為經營的準則。因此「站在顧客的立場來思考經營的方式」極為重要。同時為了真正實現「顧客至上」，當然就必須正確地調查並分析顧客的需求，提高顧客滿意的程度。下面特別介紹一則具體實例來加以說明。

有一家外食連鎖店發現許多顧客菜吃不完，留在盤子上，於是徵詢顧客意見後，原來顧客心裡面最希望的是「這家餐廳如果能夠提供一份菜量稍微少一點的菜單就好」，於是根據上述要求而開發新商品，且一經推出，訂菜份數和營業額便明顯上升。又如「增加份量超大杯」、「兒童餐、老人餐」、「點心、零食」這類專門為滿足特定年齡層顧客需求而設計的產品，皆可以算是「市場導向」的經營方式，而其中凡是經過QC手法的分析、執行，便是品質管理。

二、貫徹「後工程即顧客」的觀念

「請把你的後工程當成你的顧客，來推展品質管理」，這是日本武藏工業大學校長石川馨先生經常掛在嘴邊的一句話。也就是在前一工程中即需全神貫注於生產不致對顧客造成困擾的品質出來。如果能實踐這種精神，則能夠實現有效經營的品質管理。

服務業常有下述實例。某飲食店午餐期間，常聽到客人抱怨「還不快端來」、「他比我慢來，怎麼先給他」。這就是典型「讓客人等待時間太久」、「不按順序提供服務」兩大服務業的禁忌。究竟其原因乃係由於廚房和領檯服務生協調指揮體系有問題所致。如果透過廚房的QC圈與服務生的QC圈攜手合作，跨出本位主義，便能解決這項難題。等於說藉助QC圈活動克服企業經營上的困境。故誰都不能輕視品質管理對企業經營的貢獻。

以廚房的觀點來看，服務生相當於他們的下游「後工程」，對服務生而言，其後工程才是客人。我們引進製造業的工程觀念，照樣解釋得通，可見服務業也可以實施品質管理，事實上更應該實施品質管理。

三、工作現場的五大目標（Q、C、D、S、M）

製造業的品質管理活動中，很早就有現場的五大目標或使命的觀念。同樣的，服務業也可以建立一套適用自己的體系。

㈠Q（Quality）：商品的品質、工作的品質、服務的品質

1.何謂商品的品質

以餐廳為例：菜餚的品質，不管任何時候來吃都可享用相同味道、相同份量，且價格條件都優於別家的品質。

2.何謂工作的品質

在服務業中也應有一套如同作業手冊般的作業標準，以提升工作品質。不過每一道步驟有哪些特別應該注意的「訣竅」，要加註，並再加以訓練，才能使每一個員工都能很快掌握到最微妙的「祕訣」。

3.何謂服務的品質

所謂優良的服務就是指顧客滿意的服務。儘管企業自認本身服務奇佳，但除非真正獲得顧客「有口皆碑」的肯定，否則不算。

以餐廳而言，把客人點的菜弄錯、把送菜的優先順序搞反、讓顧客枯坐半天不見上菜、是否誠懇應對、親切招呼等，都事關服務品質的優劣。

(二)C（Cost）：以低廉的價格、便宜的材料費、較少的人事費、節約的經費開銷來經營

過去曾經有段期間，我們把品質管理定義為：「以便宜的價格，在顧客所要求期限內，時機恰好地把所訂購的量，完美無缺地提供優良品質的產品給顧客，並誠懇地服務」。這些內容其實就是經營事業的精義，同時也是最能讓人了解經營和品質管理之間密切關係的一個定義。經營的各項要素當中，成本占極重要地位。「低廉的價格」、「便宜的材料費」、「較少的人事費用」、「節約的經費開銷」的實現，在經營當中，成本管理、利潤計畫管理方面，特別受到重視。在全面品質管理（Total Quality Control, TOC，綜合性或全面品質管理）當中也是最重要的課題。

另外C這個英文字母，既有Cost，也有Cleanliness的涵義。

1.低廉的價格

儘管說價格低廉，但這並不意味品質和服務就可以稍差一些。所謂的價格低廉必須是在「品質優良的商品，以最佳的服務」附帶條件下才有意義。

2.便宜的材料費

所謂便宜的材料首先必須是優良的材料為前提，愈便宜愈好。至於具體的做法，製造業的汽車和家電產品是最佳的學習對象。據說供應零件或材料給汽車製造廠的衛星工廠，儘管本身使用的材料費逐年上漲，但產品單價若不每年降低，恐怕這筆生意就無法繼續下去。於是只好努力開發新材料，並提升製造工程的效率及品質來克服。過去的服務業只要一擺出攤子，顧客自然就會圍聚過去，長期發展下來，似

乎從來不曾做過類似上述的努力。但面臨今後日益競爭激烈的時代，非得推行「降低材料損耗」、「消除材料使用量忽多忽少的現象」、「消除工作的不合理、浪費、時好時壞，並降低成本」之類的活動不可。

3.減少人事費

服務業以兼職或工讀的方式提供人力支援經營的機會很多。尤其近幾年來高學歷的兼職員工更是普遍。家庭主婦或學生選擇適合自己的時段來上班。「在公司方面，支出較低的按時計酬工資」、「在員工方面，自己挑方便的時間，賺取收入，生活得更寬裕」，兩方面的一拍即合，促使低工資高服務的理想終獲實現。兼職人員甚至亦可勝任高水準的工作。

4.節約經費

節約經費並不是縮減預算，而是設法使店鋪的營運開銷相對於整體成果，縮減到較低的比例。控制「營業額」及「利潤」、「利潤率」使「經費」相對減少即可。但如果不積極努力爭取業績，則「來客數」和「消費額」無法突破，這時候「善於運用經費使經費比率下降」則是必要手段。

某家百貨公司，耗資千萬將整個內部重新裝潢之後，居然來客數猛增40%。這就是為什麼許多連鎖店平均3～5年就要整修改裝的理由。這個實例告訴我們用錢用對方向，努力讓顧客滿意的結果，自然會產生來客數增加且業績進步的良性循環效果。

㈢D（Delivery）：交貨時間、等待時間、穩定的供應、防止缺貨現象發生

對製造業而言，D是指交貨期限或和生產力有關的數量值。但到了服務業，它具體代表的涵義則是以時間來考慮，如：縮短讓顧客等候的時間；穩定的電力、瓦斯供應；超市商品的不缺貨；快遞捷運的時間

不耽誤；鐵公路交通工具不誤點等。至於顧客滿意度的管理指標，例如：「供應的時間」、「結帳櫃檯的等候時間」、「送達時間」等。

㈣S（Safety、Sanitation）：顧客的安全、為顧客設想的環境整頓（清潔）

安全的S和服務的S相同，在此則是針對「安全」來說明。

「安全」兩個字具體實施的事項是指「食品的安全」、「環境的安全」、「社會環境的安全」。

1. 食品的安全方面：化學物質所造成的不安全，計有色素、農藥、化學肥料導致的不安全及食品所含微生物導致的不安全。衛生單位目前已特別針對食品的安全、衛生進行徹底的管理。當然這必須靠員工本身的注意和管理才能發揮力量。
2. 環境的安全方面：有必要加強「通路走道的寬敞」、「照明的充足」、「廁所的清潔打掃」等店內的管理制度。
3. 社會環境的安全方面：如全世界環保最關切的氟氯氣體公害問題、清潔劑問題、幼兒的塑膠食器問題、農藥問題等，服務業對這些牽涉到整個社會環境的問題絕不能忽視。業者有義務提供一個關懷環境問題的店和商品給社會大眾。因此安全問題也是服務業的重要課題，必須藉QC來努力研究。

㈤M（Morale、Manner）：提升從業員職業道德與敬業精神、貫徹顧客至上的精神

職業倫理（道德）的基本出發點，簡言之，就是改善人與人之間的關係。「以笑容來服務」、「改善與顧客應對的態度」這類事情對服務業而言是最重要的課題。

待客六大用語——「歡迎光臨」、「是的」、「請」、「實在很抱歉」、「讓您久等了」、「謝謝」。

待客禮貌的改善，不但是服務業最重要的法寶，同時也是提升業績最

重要的關鍵。如果上述Q、C、D、S、M這五大目標能夠實現，就等於落實了「市場導向」、「以客為尊」的理念。

另外，品質管理也密切關係到企業經營的成敗。這也就是為何品質管理必須特別重視Q、C、D、S、M的緣故。這五大目標對製造業和服務業同樣重要，都必須徹底實現。

第二節　服務業品質的內涵

一、服務業的品質

由於TQC的發展和主動性QC圈活動的蓬勃，連服務業和服務部門也漸漸接納了品質管理。但仍有部分公司還存有「因為我們不是從事生產的工廠，所以無法實施品質管理」、「像品質管理這麼難的事情，我們不會」等錯誤的觀念。

服務業或服務部門，如果把「品質」改成「素質」，就容易接受得多。換言之，所謂品質管理就是改善工作的品質而不再只是產品的品質那麼狹隘。

至於服務的品質，必須考慮各公司自己的特性，各自研究發展出一套屬於自己的品質管理。關於服務的品質，杜蘭（J.M. Juran）博士曾經有過如下的定義：「所謂服務就是為別人的利益著想所做的工作」。

這個世界確實有必要讓人了解「服務」的真正本意並積極推展。另一方面，在服務業的領域裡應該把「品質」解釋為「素質」、「工作的品質」，專心朝這方向努力。「改善品質」就是一種「品質管理」，服務業藉此而促使「服務的品質提升」，當然是每位從業員責無旁貸的使命。

尤其是積極地從事「對顧客有益處的工作」、「對顧客有用的工作」就是服務的本質，也就是要「站在顧客的立場，設身處地為他盡心盡力效勞」或「給予關心照料」。

二、服務業必要的品質管理

服務業領域內必須做的品質管理作業細則計有下列幾項：

1. 提升工作品質：必須了解服務業其實和製造業在這點上並無太大區別，且服務業對於服務品質的提升比製造業更形重要。
2. 重視人才的培育和訓練：由於服務業經常必須直接和顧客面對面接觸，更加需要對顧客無微不至的關懷，原則上大都以人為主來執行，因此對於人才教育和訓練更需重視。
3. 隨時觀察確認顧客的滿意度，同時盡心盡力地服務顧客。至於顧客滿意度的評分項目計有：商品品質、價格、讓顧客等候的時間（交貨時間）、服務、安全、職業倫理（禮貌）等。
4. 必須整齊、清潔、優雅，有些性質特殊的公司，甚至必須設計統一的制服或做公關宣傳工作。
5. 必須事前給品質下一個最適合自己公司的定義，並正確地教育員工。
6. 必須有一套能提供顧客保證品質或味道的品質保證。

要達成上述必要項目的手段之一仍得靠品質管理。必須靠每家公司自行檢討、分析、再引進、推展。

三、明確畫分各階層的職責以確保品質

要確保服務業的品質，必須讓公司內部各個階層的人，對品質的觀念一致。因此，要清楚畫分公司內各階層幹部和一般職員、兼差工讀人員分別對品質確保擔任的職責。[1]

綜合以上所述品質管理的觀念可歸納為：

[1] 楊德輝譯、石原勝吉著（1991），《服務業的品質管理（上）》，經濟部國貿局，pp.10～24。

1. 品質管理觀念，必須以全公司的共同努力為必要條件。
2. 必須以經營者為中心，各部門及部門間通力合作，分工均衡地推展各項活動，同時要與經營密切配合。
3. 應該運用統計手法，而且所有活動都要設法遵循管理的循環「PDCA」（Plan-Do-Check-Action）來營運。
4. 甚至連公司外界與業務有關的客戶都應該實施品質管理。特別是與供應商之間的共同努力，隨時重視顧客的滿意度。
5. 此外，全體員工約70%參加的自主性QC圈活動，應依照品管圈的原則來推動。

起碼要做到上述五點，才能獲得立竿見影的效果。這種方式所推展的品質管理屬於TQC。也就是全公司的品質管理活動，凡是服務業都必須依上述觀念來進行。

第三節　服務業的品質與管理

一、何謂服務業的良好品質

服務業中所謂的「良好品質」應該由購買商品的顧客決定，最起碼要顧客滿意「才會買我們的商品」、「接受我們的服務」。所以首要之條件就是明確掌握「顧客的喜好」、「顧客層」及「顧客繼續惠顧本店的理由」。

㈠以旅館爲例

旅館有五星級的，也有商務經濟型的。想要住宿的旅客都會事先指定某家特定旅館。當然他是衡量房間設施及服務的品質、價格而做決定。一般都是依顧客的身分層次來區分。不過總體而言，仍然以安全、安靜、安心為考量的標準。

至於館內的西餐廳、遊樂廳、酒吧及其他設施，當然也都要適合消費者的顧客身分。服務業只要符合顧客上門的目的，自然就皆大歡喜。

㈡以超市等零售業爲例

超市等零售業如果不分析商圈內的顧客層並檢討哪些是暢銷商品及其為何暢銷的理由，便無法提高營業額。所謂好品質，往往因顧客而異。A店的服裝，特別是嬰兒用的服裝非常好賣，但B店可能滯銷。這可能是因為B店的商圈嬰兒人數很少的緣故。商圈分析其實就是顧客分析，以此作為決定銷售策略的依據。

㈢以麥當勞爲例

所提供的商品品質最重要。從老人到小孩都喜歡去的店，因為重視以及朝品質均一化的努力，才可能在世界各地有那麼多的連鎖店，講究「品質第一」。

㈣以酒吧、俱樂部爲例

「服務的品質」就遠比「所提供的商品品質」更加重要。多數仍以氣氛服務取勝，且依顧客層來經營以使品質容易管理。當然即使是酒吧或俱樂部，也有些像西餐廳性質一樣，把重點擺在食物上面。總之要看各店的性質而定。

像上述的實例一樣，每一種企業都必須充分檢討「服務業中的品質究竟指的是什麼？」，並努力實現之。不能只考慮自己公司的立場和利潤來經營事業，必須以「消費者導向」，即所謂「Maket in」的觀念來決定服務的品質。

二、何謂能滿足顧客要求的最佳品質

提到「良好的品質」，一般人將它想成「該商品是最高級品」或「最貴的商品」，這是天大的誤解。所謂好的品質應該是指「符合消費者的使用目的或條件的最適品質」而言。提供給顧客的是顧客心中想要的商品，而且每一樣商品的品質管理水準比其他店的同類產品更高，又有品質保證。「最適品質」是服務業成功之道。

當你在思考什麼是符合顧客要求的最適品質時，必須特別注意要滿足下列各點，並且各項因素要取得均衡。

1.質：品質要非常平均。

2.量：能夠提供顧客希望的量，不可以缺貨。

3.價格：價格要適中，並且和品質比較起來，讓顧客感到相當划算。

這些因素不論對製造業生產的產品或服務業所提供的商品而言，都是一樣重要。

三、必須考慮整批（集體）的品質

我們經常會批評說，A公司的商品比B公司「好」或「差」。這句話其實並不一定是針對每一個產品做檢查而下的結論，通常是指整批平均的好壞而言。換言之，不但要重視「一個個單獨商品的品質」，同時更必須重視許多商品集合一起的「整批品質」。

不論是製造業或服務業，通常他們所製造、銷售的商品，或多或少都會有些參差不齊。由於對任何商品而言，品質必須全部都能令人滿意才行，所以必須要求整批品質的均衡，但無論整批的品質多均衡，如果平均的水準很低時，仍不能算是良好的品質。

由此看來，整批的品質最好是能讓「水準」和「偏差」兩項均衡處於最佳狀態。

四、服務業的品質特性

表5-1　服務業品質的特性

項目	特性
1.狹義的品質特性	味道、重量、公差、外觀、可靠度、壽命、不良率、調整修正率、包裝性、安全性等。
2.和成本、價格（利潤）有關的特性	良品率（材料有效利用率）、基本單位（生產每單位產品所需的原材料或時間）、損耗、材料費、製造費、加工費、購買單價、工資率、成本、定價、利潤、實售單價。
3.和生產量與消費量有關的特性	生產量、消費量、生產計畫的變更、交貨期、運轉率、效率、人事生產力、來客數銷售額、利潤額（率）等。
4.商品出售後的問題，追蹤商品的特性	保證期間、售後服務、零件的互換性、修理難易性、說明書的內容、檢查、清理的方法、使用方法的宣傳、維修零件、儲存方法、使用期限、搬運方法、客戶意見的調查與處理、市場調查、消費者的不滿與要求、次工程的調查與回饋、行動措施、商品廢棄處理、顧客的滿意度等。
5.服務業特有的品質特性	提供商品的質、商品損耗、顧客損耗、顧客等待時間、器皿的質（玻璃杯、碗盤破損等）、安全衛生的品質、待客態度的品質、環境等未包括在1～4範圍內者。

資料來源：楊德輝譯、石原勝吉著（1991），《服務業的品質管理（上）》，經濟部國貿局，p.47。

第四節　服務業的品質管理重點實施事項

服務業想要推展品質管理，應借助「基本上應該實施事項」及由全公司決定重點所實施的「重點實施事項」雙管齊下來推展品質管理，並擬定中期、年度的推進計畫。

茲將服務業特別重要的重點實施事項列述如下：

一、建立品質保證體制

所謂品質保證（Quality Assurance, QA），可定義為「保證消費者可以安心、滿意地購買，且使用後擁有安心感、滿足感，並且可長久使用的品質」。

服務業中有些行業也製作產品或商品來銷售，也有些是以「讓人使用」、「安心地使用」為主的行業。另外也有像餐飲業是標榜能「讓人安心地吃」。不管哪一行哪一業，品質保證的想法其實都差不多，甚至製造業、服務業也一樣。

為了要真正實現品質保證，除了總經理要提出具體的方針之外，由調查、企劃、設計部門到生產、銷售、服務部門，甚至供應材料的廠商到流通零售業者都必須團結一致，全體攜手合作共同努力，才有可能實現。

經營的基本及重點課題放在品質、管理、服務、環境衛生安全、設備維護上面，將這幾個要項當作服務業品質保證的根本。[2]

二、建立利潤管理、成本管理體制

我們必須設法建立一套管理體制，持續不斷地來管理成本，設法讓成本管理是用來作為利潤管理的手段，而不是當成事後結果的管理。因此為了製作事業計畫以確保目標利潤，勢必要製作「利潤計畫」、「預算計畫」、「銷售計畫」，並且按照計畫推展。

為了使利潤管理能夠順利進行，必須從人事費（勞務費）、材料費（若是超市則包含所採購的商品）等成本的費用名目加以管理，使成本管理做利潤管理的具體手段。

至於成本降低（Cost down）的方法有：

[2] 楊德輝譯、石原勝吉著（1991），《服務業的品質管理（下）》，經濟部國貿易，p.5。

1. 維持或提高品質的同時，降低成本，這是最優先考慮的方法。只要品質良好，不良品減少，可以節約採購進料，可以減少不必要的加工浪費，人事費亦可減少，成本就自然降低。
2. 提高作業效率以減低成本，例如：餐廳，從廚房到外場能縮短等待時間，顧客的周轉率增加，營業額也增加，整體看來成本就降低。
3. 商品的品質維持不變，以價值效果（Value Effect, VE）方式降低成本。[3]
4. 利用成本管理的觀念來降低成本。基本上成本是由「材料費」、「加工費（勞務費）」及「經費」所構成。針對每一項分別擬訂推展降低成本計畫，是基本的進行方式，其中尤以「材料費」和「勞務費」的減少最為重要。[4]

三、建立生產、銷售體制

服務業雖然一向重視銷售管理遠比生產更關切，但生產活動仍不可或缺，例如飯店的餐廳廚房也需烹調和加工，故建立產量管理體制刻不容緩。當然生產中所講究的增加銷售量及如期交貨，縮短顧客等待時間的顧客滿意度之努力，仍然絕對不可忽略。

---

[3] V.E.的定義簡言之，就是「以最低的總成本，為了確實達到必要的機能，專心致力於商品及服務機能分析的一種有組織、有系統的努力。」

如果用企業的立場表達更具體的話，就是「將具有顧客所需要的品質和性能的商品，為了設法用最低的成本製造出來，因而探究商品及工程、作業的各種功能，讓各部門、各職務、全體員工周知並團結一致，使製造者及購買者雙方的立場都感覺有利，謀求價值保證和提升的一種有組織活動」。

V.E.也可以說成是「為了在現場生產有更高價值的商品或做更有價值的工作，由工作現場所有人員組織共同行動，改善商品或工作的價值，實施成本降低」。換言之，改善是目標，而把焦點集中到降低成本上。

[4] 同註1，pp.68～69。

㈠建立生產量管理體制

生產量管理可以定義為：「用來協助將顧客所希望的商品依顧客所希望的時間、交貨日期提供給顧客的活動」；例如：餐飲業方面，可以重新定義為縮短等候時間，提供美味可口的商品，同時為了避免顧客要訂的貨（點的菜）缺貨，必須隨時準備必要量的材料，而且維持其新鮮度；總之，數量和交貨時間對生產管理非常重要。

為了達到生產量管制之目標：

1. 掌握顧客的期望擬訂生產計畫：以製造符合顧客期望的商品為原則。因此首先必須先正確掌握顧客所迫切希望要求的是什麼。每天每季必須調查、研究、設計。以餐飲業為例，做好菜色、飲料排行榜商品分析營業額、利潤額、銷售量之間的關係自然就一目了然。運用此分析結果可預估來客數量決定計畫生產量，可以依照經營計畫來進行生產量管理。
2. 確保必要人員達成計畫生產：服務業是勞力密集行業，主要是以人為中心來接待應對顧客為原則。擁有優秀人才才能提升服務水準，才能使業績蒸蒸日上。因此人力發展、教育訓練不可忽視。例如：國際大飯店的櫃檯服務人員必須能以英、日語流利交談。廚師的素質，若無國家檢定考試合格的證照便無法擔任。
3. 建立設備維修日常檢查體制。
4. 設法準備足夠材料使生產順利進行。

㈡建立銷售管理體制

銷售量是經營計畫的基礎，依照來客數（入店顧客數）而決定。因此，銷售量當然應該根據顧客來店的預測再做計畫，企業為講求穩定發展，必須設法不斷提高銷售量。如果不成長，設備投資與員工加薪均會落空，因此銷售量管理是企業最重點課題。

1. 銷售情報的蒐集與運用體制的建立：首先應該正確掌握顧客的需求與

迫切希望，將這些顧客意見分析研究過後，擬出經營計畫的長期計畫（5年左右）及中期計畫（2～3年）。

2.藉顧客滿意度調查來確認活動效果：就是必須由外界（顧客的立場）及內部（公司組織體制）兩方面做綜合性的評估。

3.改善處理要靠情報的回饋來進行：必須把各階段被認為不夠完善的業務之改進與管理情報，不斷地回饋構成一個循環體系。

四、建立QC圈活動的推進體制

所謂QC圈就是在同一個工作崗位裡，以小組方式展開自主性的品質管理活動，而這個小組是全公司品質管理活動的一環，利用自我啟發和互相切磋，運用QC手法持續不斷地全體一律參加，進行工作崗位的管理和改善。

QC圈活動的基本理念計有下列三項：

1.發揮人類的潛力，創出無限的可能性。

2.創造一個尊重人性、有意義的愉快工作環境。

3.致力奉獻於企業的體質改善與發展。

五、建立提高顧客滿意度體制

服務業顧客滿意度不單係指品質，還必須包括價格、生產量、交貨期、服務、環境衛生、安全、衛生等各方面的滿意度，即使其中只有某一項滿意度不及格，顧客就會覺得不滿，因為每一個因素不是算數的加減，而是乘數的計算，同時切記要以全體顧客的願望，盡量均衡地照顧到不能有差別的待遇。

改善顧客滿意度的最重要課題就是對品質滿意度的提升。然而依行業、業態不同，品質的滿意度自然也不盡相同，必須有賴各公司努力研究，調查顧客滿意度的現況，再進行具體的改善活動，以謀滿意度的提升。

㈠提升顧客滿意度的項目及重點

下面詳列有助於提升顧客對品質滿意的調查項目及管理重點：

1.提升味道的品質。（餐飲業）

2.改善外觀、講究美觀，消除商品的包裝不良。

3.不提供品質惡劣的商品。

4.消除同一商品品質的參差不齊。

5.消除商品的破損。

6.維持所提供用品器物品質長久良好。

7.使商品、材料具有互換性。

8.事先說明清楚商品的清理方法。

9.說明書淺顯易懂。

10.最短時間內處理解決顧客抱怨申訴個案。

若不注重上述十項具體的行動並積極採取措施，再怎麼奢談提升顧客對商品的滿意也徒然。同時為了管理、改善商品的顧客滿意度水準，必須設立管理點，至於管理顧客對商品的滿意度之管理點包括：

1.商品的品質不良率、不良件數、損失金額。

2.商品的破損率、破損個數、損失金額。

3.有關該商品的抱怨件數、金額、保證金額、處理費用。

4.異物混入件數。

5.百貨超市的管理點計有鮮度、耗損率、損壞件數、金額。

管理點的管理必須靈活運用QC手法。例如：

1.商品的不良率：用圖表、管制圖來管理。

2.破損率、破損個數：利用圖表管理。

3.不滿申訴件數：利用圖表，原因則利用柏拉圖等來分析管理。[5]

4.異物混入件數：利用檢查表來管理。

以上這些管理點平日需經常訓練，親身體驗統計手法，才能在日常管理中使用起來得心應手。

㈡提升顧客對價格的滿意度

不論再好的品質，如果價格太過昂貴，也絕不可能讓顧客感覺滿意。因此「物美價廉」才能真正獲得顧客的滿意，要提高顧客對價格的滿意度，應注意下列各項：

1.提供比同業更具競爭性的價格誘因。

2.縮短作業時間，提高工作效率。

3.舉辦各種特價活動。

4.強化公司本身內部體制，如減少「商品損耗」、「價格計算錯誤」。

㈢提高顧客對生產量、交貨期的滿意度

服務業也有生產，當然也就有所謂的交貨時間，例如：

[5] 柏拉圖就是「客觀且正確地發現最重要的問題，對於決定管理、改善活動的重點課題和目標最有效的一種方法」。把在工作崗位上最感頭痛的不良、失誤、抱怨、意外、故障、服務等問題，分別配合各自的原因或現象類別來蒐集最吻合目的且已經分類過的數據，依照虧損金額或不良品件數的多少依序排列，並用長條圖繪出，這就是柏拉圖。如下圖所示，便是基本形式。

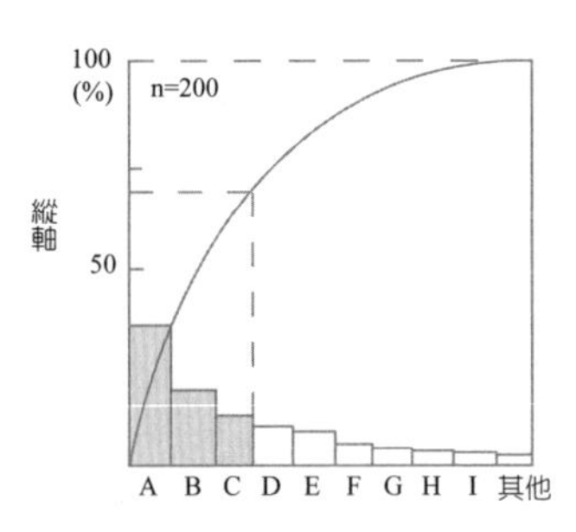

柏拉圖的基本形式

1.消除商品缺貨現象。

2.縮短顧客等待的時間。

3.縮短交貨時間。

4.提高工作效率。

(四)提升顧客對服務的滿意度

做好服務的保證，才能使顧客對服務滿意度提升，至於顧客對於服務的滿意度提升的評估標準項目計有：

1.提高接待態度的品質：這也是顧客滿意度的最重點課題。

2.體貼入微的服務：如飛機上對幼兒無微不至的照顧，國際航線對聽不懂英語旅客的老人在通關時，特別細心耐心都是有助於提升服務品質的具體表現。

3.提升服務水準：定期實施講習訓練。至於管理點，可依其教育的舉辦次數、實務訓練的成績、實施資格審查考試制度、服務手冊或準則的修訂、標準化的件數來衡量評估。

4.創造明朗愉快的環境及氣氛。

唯有檢討並提升服務水準，展開具體的活動，才能真正提升顧客的滿意度。

(五)提升顧客對環境整潔的滿意度

1.創造一個明朗的環境。

2.創造一個清潔的賣場。

3.維持廁所清淨芳香。

4.從業員的衣服、制服隨時保持清潔。

5.使通路寬敞，樓梯不堆放雜物。

6.店鋪顏色明亮舒適。

(六)提升顧客對安全衛生的滿意度

1.確保商品的安全與衛生。

2.維持賣場的安全與衛生。

3.減少食品的細菌數目。

六、建立QC診斷體制

公司也可視為一個生命體，診斷各組織的病情弄清目前症狀，便可擬妥對策進行改善。QC診斷的對象一般大都以「商品、工作品質」、「QC體制及其具體活動」、「自主性QC圈活動」這三種診斷作為基本的診斷對象。

㈠商品的品質、工作的品質診斷

1.在新商品開發階段的品質診斷：應該邀請顧客來參加診斷，到底是否符合顧客真正滿意的品質。

2.生產、加工工程階段的品質不良發生狀況之診斷：診斷如何改善工程管理的狀況及作業者能力的差異。

3.顧客申訴抱怨原因及對策狀況診斷：當已發生抱怨不滿時進行診斷，防止再度發生。

㈡QC體系、體制及活動之診斷

要以品質保證體系，QC工程管理狀況及店鋪營運狀況作為診斷對象。

㈢QC圈活動的診斷

可以分成三種：由公司組織編制主導；由QC圈本身自動自發進行診斷；以及針對參加QC圈總部、分部心得發表會，而接受專家審查的第三種方式。

自我評量

1.工作現場的五大目標為何？請敘述之。

2.品質管理的觀念可歸納為何？

3.提升顧客滿意度之管理點包括哪些項目？所運用的QC手法為何？

4.如何提升顧客對環境整潔的滿意度？

第六章

提升服務品質努力的方向

摘　要

對個人而言能夠有正確的觀念，堅定的信心，不斷的學習與力行，定能對工作產生興趣並勝任愉快。公司必能提升服務品質，達到預期的營運目標。從業人員要建立服務業應具備的特質：1.與世無爭的特質、2.容人成就的特質、3.自我肯定的特質；尚且更要建立正確的服務人生觀：1.對生活要有最起碼的興趣、2.對家庭要有最起碼的責任、3.對社會要有最起碼的投入。

在現實的生活中，要提供給顧客完全的滿意是不可能的，所能做的是相對使顧客滿意，使他對我們的滿意度比其他同業高，並高於他事前的期望，要從下述幾項著手：1.正確評估能運用的資源、2.所隸屬的團隊，服務政策爲何、3.衡量個人的技能與權限、4.用心充分了解顧客需要、5.盡所能滿足顧客需要。

提升服務品質的原則：1.要誠心信賴顧客、2.對任何事都要開朗輕快、3.鎮定、心情放鬆、4.捨棄自我表現的欲望、5.大處著眼、小處著手、6.動作要輕快機敏、7.嚴守時間、8.無懈可擊、9.具備工作技能、10.良好的介紹與接待、11.接待安排要確實、12.手續力求簡便。

服務是能完全接納自己的態度，又是情緒最優美的表達，而且是最好的群己倫理，相信每個人都會希望自己具有這樣的的美德。但是我們面對的是各式各樣不同需求的顧客，誰也不敢號稱自己是服務高手，同時企業本身的配合，整體服務品質管理的推行，都會影響到整體的成果。所以能夠有正確的觀念，堅定的信心，不斷的學習與力行，對個人而言定能對服務工作產生興趣並勝任愉快，公司定能提升服務品質，達到預期的營運目標。

第一節　建立服務業應具備的特質

一、與世無爭的特質

講到與世無爭絕不是要奢談什麼崇高的宗教情懷或道德修養，乃是很務實面對人生與服務。要得到這個很務實的結論，其推論過程一樣很簡單，而且可以被檢驗。

為什麼與世無爭是服務高手必須具備的第一特質？因為服務既是一種態度、一種對待自己與別人的態度，而與世有爭的人是不可能善待別人，而且也很難善待自己。因為與世無爭的人才可能處處為他人設想，才可能有正確對待別人的態度，才有可能為別人提供最好的服務。

或許有人會從商業競爭的角度來懷疑以上論點；的確，如果從一對一的商業競爭來說，對敵人仁慈好像就是對自己殘忍，我如果與世無爭，對方如果與世有爭，恐怕最後是對方把我擊垮。問題是：商業競爭往往不是單純的一對一進行，更不是遊戲，一定你死我才能活，很多時候是你死別人也死（整個商區都沒落），你活別人也活（整個商區都發達，整個行業都興旺）。所以在現實環境中，能從激烈的商業競爭中生存下來的，都是最初眼光較遠大，不以競爭角度來思考，而把永續經營、環保理念考慮進去，而不是那些一開始就恨不得把所有競爭對手都置於死地的人。

若再就團隊內部來說，如果服務團隊內部的人不能彼此合作，卻先自相爭吵，怎能對外作戰？如果要讓團隊內部能精誠團結、通力合作，即要先彼此都與世與爭。

二、容人成就的特質

真正的服務高手不但要與世無爭、團結合作，而且還是能容忍競爭的人，能接受顧客成就感的人。

也就是不反對別人追求成就，為顧客服務；你把每個人都捧上天，而顧客根本不了解你的貢獻與付出，如果你沒有容人成就的特質，你還能繼續服務下去嗎？

再者，服務要靠群策群力，不能單打獨鬥。因此，就服務團隊內部而言，愈是服務高手當然愈要能容忍別人有表現，否則一山難容二虎，這個服務團隊難免解體。

三、自我肯定的特質

如果要成為一位服務的高手，對人生要充滿無比的信心，對自我的肯定。

㈠要有主見、有原則

首先，一個人如果能自我肯定，也就能有原則，比較有自己的主張與看法。若不能自我肯定，凡事就比較模稜兩可，遇事猶豫不決、隨便、沒有意見，要先聽聽別人的意見再說，對別人的依賴性也相對較強。

㈡情緒要穩定

不能自我肯定的人也往往是情緒最不穩定的人。情緒不穩定，結果會產生兩個極端現象。

1.很容易對別人產生不滿，尤其愈親近的人他愈容易不滿。將導致整個團隊的崩垮。

2.精神緊繃、失去彈性，常常無法應付任何突發狀況，與顧客的額外需求。

㈢誠實、善良

因為服務或多或少都會介入別人的隱私當中，如果你不是善良誠實的人，別人不能信任你而接受你的服務。例如銀行業為顧客理財，顧客的財力與信用在銀行面前完全曝光；保險業為顧客保人身保險，顧客的身體狀況在保險業面前就曝光；太多隱私在服務業面前都無法遮掩，因此一個優秀服務人員一定要替顧客保密，必須誠實、善良。

㈣不能有偏見與成見，胸襟要開闊

不能自我肯定的人，對別人的意見、指責或批評，都將以更多的成見與偏見加以排斥、拒絕，結果就愈封閉，愈不能進步，不能有效改善自我的問題。胸襟要開闊，才能廣納建言，才能愈來愈能超越自我，如此良性循環，才能接納許多不同的人，才能提升你的服務品質。

第二節　建立正確的服務人生觀

一、對生活要有最起碼的興趣

國父孫中山先生說：「人生以服務為目的。」對你的工作和生活周遭的一切人、事、物都要有最起碼的興趣。當你能樂在工作中時，生活至少會有兩個層面的變化：

1.個人的心境會改變。

2.整個生活圈也會改變。

因為你開始不再只專注於自己，乃是對每一人、事、物都產生最起碼的興趣，不再冷漠，你會變得和藹可親，生活圈也會變得有趣，很多小事都會做得更好、更美。可以說就是提升服務品質最佳的觀念。

二、對家庭要有最起碼的責任

一個人如果對家庭沒有責任感，做事就不可能負責盡職，當然無法提升服務品質。至於家庭的責任感就服務角度來說，就是溝通的責任與需要的責任。

(一)溝通的責任

不論你是不是一家之主，只要是家庭中的一員，就有主動與家庭其他成員溝通的責任。最好的服務是服務者與被服務者雙方能有效溝通，如果你連至親的家人都不能溝通，怎能維持親情常在，又如何能與顧客作有效溝通，以致能與顧客常保聯絡，維繫業務提升服務品質？

(二)需要的責任

要讓家庭的每個成員都感受到你需要他們；另一方面亦讓家庭的成員需要你。最好的服務也是彼此感到需要對方的服務，而如果你連對至親的家人都不能給予這種需要的感覺，如何去服務顧客，令顧客感到滿意？

三、對社會要有最起碼的投入

人類是群居性的動物，所以才需要服務；如果每個人都離群索居，就不需要服務的存在，我們要探討的是存在於人際之間的服務。

如果對於人因群居而組成的社會，都不願意有最起碼的投入，又怎麼願意服務？又怎能期待有高品質的服務？故至少要做到穩定的工作，遵守社會生活的共同規範、公益活動。

(一)穩定的工作

乃是指「每個人都應該持續善盡他在社會中應扮演的角色責任」，是指每個人都應該在社會中守住我們的本位，善盡基本職責，這是對社會有最起碼投入的第一環。

(二)遵守社會生活的共同規範

包括法律與公正、受教育、納稅、環保、交通等，遵守這一切社會規範，才算對社會有最起碼的投入。

(三)公益活動

必須要特別聲明，公益活動最好與宗教信仰或政治主張無關。大致上又可分二點來說明：

1. 服務要能看見別人的需要，好的服務品質必定是最先看見顧客的需要，並及時針對其需要而提供服務。所以必須在非商業化的場合訓練，與宗教信仰或政治主張無關的單純公益活動，越是適合於訓練我們了解別人的需要，學習針對別人的需要去提供服務。
2. 優秀的服務高手是能在短短一瞬間就與顧客建立良好感覺的人。要使他成為長期客戶的這種理想狀況，必須要經過訓練，藉著參與社會公益活動可以培養悲天憫人情愫，真心關懷別人，參與社曾公益，才可能真的激發你內心服務的潛能，才可能成為服務高手。

第三節　如何提供最好的服務

在現實的生活中要使顧客完全滿意是不可能的，我們所能做的是相對使顧客滿意，使顧客對我們的滿意度比其他同業高，並高於他事前的期望，使顧客的滿意度比你所能提供的資源還高，這就是相當成功的服務。

一、正確評估能運用的資源

服務不可能做到讓顧客百分之百滿意，資源也有其有限性，想要以有限資源發揮出最大的效用之前，當然就必須先對本身能運用的資源作一番正確評估。否則若是低估了你能運用的資源，等服務結束後才發現你其實尚有多餘資源可以運用，可以為顧客服務得更好，相對而言你的服務就不是最好的服務；反之，若你高估了所能運用的資源，結果服務到半途捉襟見肘，達不到你原先給顧客的承諾，所提供的服務當然也絕不是最好的服務。

服務之前必須先評估的資源至少有兩方面：一是你隸屬的團隊政策，另一是你自己的技能。

二、所隸屬的團隊服務政策為何

服務不適宜單打獨鬥，必須有團隊精神才可能提供上乘的服務，你隸屬於該服務團隊，當首先考量所隸屬的團隊關於服務的政策（策略）為何？即希望服務顧客到什麼程度，才能評估可使用的資源。

其次，了解團隊的服務政策（策略），可以避免個人服務得太突出，相較之下使別人顯得差，整個團隊所獲得的評價反而降低；二來個人太突出，將會顯得很孤單，整個團隊的支援很薄弱，因為你跑到團隊所設定的範圍之外，亦會有很多誤解與批評。因此：

1. 理想的服務團隊是每個成員所提供的服務水準都很接近，顧客的期望值也因而會很穩定，不能容許少數人橫衝直撞，或批判整個團隊的政策，結果往往只會導致服務崩盤，不太可能提供好的服務。
2. 服務是天長地久的事，好的服務必定長久維持一定的水準，因此，團隊的政策一定有久遠性的考量，一定是衡量整個團隊的資源，並使之可以維持最久的政策。所以服務人員要了解團隊政策，才能有良好的服務品質。

三、衡量個人的技能與權限

個人的技能範圍很廣，包括團隊對你的授權，自己所能運用的人力、物力、財力，更包括你所能把握的時間。對這些屬於個人技能的正確評估與把握，是服務顧客使之滿意的重要關鍵，也是公司的服務政策下，能否給予顧客彈性以使顧客滿意的前提條件。

四、用心充分了解顧客需要

我們要以有限的資源作最佳運用，發揮最大的服務效果就是最好的服務，要達到這個目標，當然就要先掌握顧客需求。

不過，有時顧客自己都不太能確定他的需求是什麼，因此，要掌握顧客需求，必須用心且真正充分掌握狀況，必要時則應幫助顧客確定他的需求；就是要能與顧客有效溝通、真正關懷體貼顧客及不要讓顧客的要求無疾而終。

㈠與顧客有效溝通

提供顧客最好的服務，當然是能提供最切合顧客實際需要的服務，但是既然有時連顧客自己都不太確定他實際上的需要，我們又如何能對症下藥，提供最好的服務？只有設法與顧客溝通討論，甚至替他拿定主意，因此，能夠與顧客有效溝通的服務才是最好的服務。

所謂有效的溝通一定是雙向進行，而不是單方面的。真正有效的溝通，才能尋求雙方都能接受的共識與結論，才能真正知道顧客的心態，才能獲知如何再改進你的服務。

事實上，善於溝通的人，在溝通過程中，通常都是聆聽多於陳述，優秀的服務人員亦復如此，在服務顧客，與顧客有效溝通的過程中，通常是接受多於辯解，接受顧客的指正、意見，接受顧客的一切回應。其次有效的溝通一定是能有結論，而且會給雙方帶來改變。

㈡真正關懷體貼顧客

我們要想充分了解顧客需要，除了要能與顧客有效溝通外，還要能真正關懷體貼顧客。很多時候服務人員會很納悶，我明明已經盡最大的努力，為什麼顧客總還是不滿意？問題可能就出在一些小地方。

這種小地方的體貼與關懷，是很微妙而難以形容的，可能小到只是垃圾桶、雨傘架。在服務的店面裡，你寧可不要設垃圾桶或雨傘架，如果要放置，就一定要清理得很清潔，要能看管不要讓人順手牽羊而遺失。

例如餐飲業特別要注意菜單的製作與及時的更新，洗手間的規劃與衛生，這往往會比你所提供的餐飲給顧客留下更深的印象。其實服務人員若能關懷與體貼顧客，逐漸也就能養成細心與觀察入微的習慣。

此外，服務人員還要讓顧客能感受你的服務道德，才能對你信任，才會接受你提供的服務，你才有機會提供最好的服務。

㈢不要讓顧客的要求無疾而終

除了主動用心了解顧客的需求之外，服務人員面對顧客提供服務時務必記得，任何顧客的任何要求都一定要答覆（不管可行或不可行），絕不能讓任何來自顧客的要求無疾而終，這將留給顧客最壞的印象，最好的方法是任何顧客的問題都立刻答覆與解決。如果服務人員，有時真的忙到一個程度，必須等較有空閒時再來處理，一定立刻用紙張寫下來以免忘記，有句名言「學問是靠記錄，不是靠記憶」，要提供好的服務，沒有遺漏顧客的需求，是目標的鐵則。

五、盡所能滿足顧客需要

當你已經能掌握團隊的服務政策，也深知自己的技能與權限，更確實了解顧客的需要時，緊接著當然就是盡力而為滿足顧客的需要，才能提升服務品質。

㈠顧客的需要爲第一優先

提供服務時要謹記，顧客的需要為第一優先，遠比你的方便重要。會使我們為自己的方便而忽視顧客需要的原因，主要是本位主義作祟，自我防衛心理及連帶產生的負面表達習慣。

各行各業的服務人員都要記得，自己的任務只是服務顧客讓其滿意而已，你不是法官或教育家，不需要去教育或改變顧客，更不需要去定顧客的罪，你要多設想顧客的需要，而不是多考慮自己的方便，根本戒除負面表述的習慣，改用正面表述，這樣才可能提供最好的服務。

㈡顧客應該被肯定、接納

想要盡全力滿足顧客需要，除了面對顧客時要考慮他的需要比你的方便重要，使你一切表達都是正面的態度外，優秀的服務人員還要讓顧客感到你為他服務很快樂、很光榮。他自然也會樂於常常接受你的服務，你所提供的服務也必定是最好的服務。

因此，服務人員提供服務時要讓顧客有賓至如歸的感覺，讓顧客感到被肯定、被接納。所以我們服務顧客時千萬要有耐心，增加與顧客互動的機會，加強與顧客建立良好的關係。

第四節　服務的規則

一、要誠心信賴顧客

(一)要誠心對待顧客

提供服務首先要誠心對待顧客，雖然說服務是要讓顧客知道其價值，事實上並非那麼簡單，往往努力地做卻不能得到回響，但是絕不能感到不悅或失望。顧客不能了解，是否我們的方法不良，時時加以檢討，仍然應該加強信念、誠心去對待顧客，只要我們不斷地改進繼續努力，必定會讓顧客了解。

因此，要能喜歡與人打交道，如果不喜歡與人打交道，很難提供好的服務。因為他的態度將會很粗心、冷漠，這種態度就算想表現自己的價值，對方絕對不會了解。又這種態度的服務人員，情緒很不穩定，容易從服務的約束脫節。

(二)信賴是一種賭注

一般具有自卑感的人，會不喜歡與人交往，極端猜疑性格的人亦如此。服務本來就是一種賭注，努力讓顧客能了解其價值，但是結果如何不得而知。努力的結果能得到顧客讚賞的比率仍然很低，不過，仍舊要盡力而為，否則絕對無法得到顧客滿意，這就是服務的法則。

二、對任何事都要開朗輕快

(一)要心胸開闊

俗語說「女人要有和藹可親的表情，男人要有寬闊的心胸」，缺乏這個條件，再怎麼熱心去服務亦不能讓顧客有好感。要顧客知道你的價值，就要讓他不感到拘束，首先必須以心胸開闊的服務態度對待。

伊索寓言有一則北風與太陽的故事：北風想讓旅人脫掉他的外套，不斷凜冽吹襲，而旅人不但不想脫掉反而更緊緊的抱住它。相反地，太陽露出笑容暖和地照射，旅人自然脫掉了外套，服務就如同這種道理。

㈡要樂觀開朗

悲觀陰沈的個性在此競爭激烈的「服務戰爭」時代將無法生存。人本來的性格都是很開朗的，因為有幾種的負面因素而變得陰沈小心，如同鐵板上的鏽，但若想把它去掉當然行得通。

如果自己認為不是一個開朗的人，在想到服務之前，從早晚對著鏡子表現出開朗的笑容開始。相由心生，心情仍然是可以從訓練而改變。

㈢自然的微笑

以笑容對待顧客是一件很重要的事，但如今無論男女無法有自然笑容者愈來愈多。平常閒聊時一點小事而大笑，叫他工作或與顧客商談時要有一點笑容，卻表情怪異，無法露出自然的笑容。

何以無法表現出自然的笑容？因為他的個性不開朗之故。親切、誠實、熱心是服務非常重要的態度，但是沒有開朗的表情，服務工作是不會成功的。

三、鎮定、心情放鬆

㈠心情放鬆、心胸放寬

上面談到，要能有自然的笑容，眼睛與臉孔不要太嚴肅，要把心情放鬆把心胸放寬。氣度小的人很容易緊張，一點挫折就發脾氣，這種個性的人很不適任做服務工作。

我們島國居民的個性常比較容易緊張，歐美人在戰爭、工作或運動時，一點都不輕忽，但是不會像我們過度緊張，你看少年棒球隊的外國投手，那種嚼著口香糖的樣子，在我們國家就很少出現，如果這樣而輸了球不被大罵一頓才怪。

邱吉爾在第二次世界大戰時對士兵說：「笑一笑，戰爭要笑著打，要微笑。」而日本、我國也好，軍隊訓練時一定嚴格要求，收下巴、咬緊牙齒、注視前方、緊縮小腹，不能露出笑容，或許從小就接受這種教育，根深柢固，也是表現在工作上普遍的現象。

㈡化被動爲主動

因為被動的民族性，所以比較缺少活力，做事的動作較遲緩，如果遇到新的狀況立刻感到緊張壓迫感，我們要將被動的個性化為主動，培養積極的服務精神。

㈢學習服務的技巧

每一樣工作都有它的技巧，若無法掌握其技巧則將顯得笨手笨腳而倍感緊張，如果能夠掌握其要領做事必定能從容。服務工作亦是有服務工作的技巧，知道它的技巧就不會感到服務是一種苦差事，不過要把握這種技巧不是一件簡單的事，必須相同一件事一次又一次去做，即從反覆實行的經驗中體會。

具體的做法就是要接觸各式各樣的顧客，輕鬆愉快的交談，慢慢體會到服務的技巧，提供高品質的服務，心情放輕鬆才能發現服務的技巧。

四、捨棄自我表現的欲望

㈠要有主張但不是自我表現

服務是能自我主張而行動，但是不能太過分而顯得自我表現。人與人的關係，有時要和他人同調（超越自己），有時候即使有自己的主張，也必須要取得和諧、團隊的合作。自我表現係人的心理欲望之一，如支配欲、名譽欲，與快樂之欲望為同一系列，即自我主張是人的態度問題，而後者是人的欲望問題。

因此，自我主張型的服務稍微強一些，不會給對方不悅的印象，如果自我表現為前提的服務，本質上是不誠心時會讓人感到不舒服，又自我表現欲強的人，好惡的主觀很強，容易視不同的對象而改變服務態度，給人一種不細心、不能信賴甚至不被尊重的感覺。

㈡放輕鬆消除自卑感

要消除自卑感就是要穩重放輕鬆，因為自卑感是神經異常興奮的產物，神經過於緊張會為了一點小事就覺得遭到打擊，更失去原來就很薄弱的信心。

人的長處與短處並不需由別人來決定，要由自己的自覺來認定，如果不能有些自覺，處處關注於他人的評判，即時常患得患失，產生自卑感，失去自信的自我表現欲將會抬頭。

五、大處著眼、小處著手

㈠服務就是補助小地方的功夫

服務是要讓顧客了解我們的價值，但是無論如何加以規格化，仍然無法完全合乎顧客的要求，把握服務的大原則，但是不要忽略服務的細則，服務就是補助小地方的功夫。

㈡專業的服務

服務就是補助小地方的功夫，但是這種動作要靠專業，否則將弄巧成拙。

㈢親切的真諦

顧客是什麼樣的人，他想的是什麼，能夠以冷靜洞察的眼光與溫暖的心地去對待。要提供良好的服務，必須因人而異的適切方法，如果沒有敏銳的眼光，等於對牛彈琴，毫無效果。

親切，往往會被思考為誰替誰而犧牲，事實上是為自己，是自己服務的本分，要有正確的認識。

㈣親切爲何稱做kind

歐美人稱親切為kind，本來是動植物「物種」的意思，種不同稱為不同kind，這樣表示種的語言有親切的解釋，何故？

因為，種類不同者相互和好才能成為親切，是一種涵義的暗示。如果種類不同，彼此之間一定有很大的間隙，要把種類之間的間隙填補叫做kind，就叫親切，即kind相同就等於沒有間隙。所以，就不必為了填補其間隙而努力，不必去費神。

人類雖然是同種，但不同的場所不同的事物，思考的習慣不同。如果能找到自己的同類或較接近的kind（種類），必定較能拉近彼此的距離，會覺得較kind（親切）。

服務所需要的就是這種kind的親切心。即要視顧客為自己的同類，從這裡產生真正的關心，這就是kind的感覺，亦就是親切的行動，使服務能夠順利執行。

六、動作要輕快機敏（Promptness）

服務是要讓人知道其價值的行動，這種行動最要緊的是態度。所以想要服務好，就是要態度活潑輕快，如果拖泥帶水動作遲鈍，將無法讓顧客感受到你的價值。

動作要輕快、機敏，第一將態度保持向前主動，另外，要注意隨時能採取動作的姿勢。因為採取被動的態度就無法很輕快的服務，又平常不能注意姿勢，亦無法立刻行動。例如：當你坐在椅子上要能立即站起來行動，就不能盤腿而坐，要兩腳併攏端正坐下，隨時可以馬上站起來，所以要讓動作輕快，必須有相當的心理與動作的準備。

七、嚴守時間（Punctual）

㈠守時是認眞的表現

服務是否認真，嚴守約定時間是它的指針，服務行動並不是單獨的動作，必須有對方的行動，即要珍惜對方的時間。如果服務是散漫而慢吞吞，把對方的寶貴時間浪費是不允許的，最要緊的是遵守約定時間，不要讓顧客為了等待而浪費寶貴的時間。

嚴守時間，與上面所述輕快、迅速（敏捷）為不可忘記的原則。

㈡定期實施收費保養

特別是定期收費保養的巡迴，嚴守約定時間是服務人員品質保證的第一件事。如果無法嚴守該原則，收費制度是不可能的。

因為不能定期前來保養，誰都可以藉服務之名冒名來收費，使顧客感到迷惘上當，也會損害到企業的信用。如果能嚴守定期前來保養，使用者可以很容易判斷真偽。

㈢生產者最大的服務是嚴守交貨日期

嚴守交貨約定時間，不但為了顧客，也是生產者認真做事的保證。又，交貨日期愈早並不是愈好，因為會被誤解為粗製濫造。只要，能把貨品在約定時間確定送達即可。如果這種約束能確實履行，就是生產者勝過任何其他的服務。

八、無懈可擊（Perfect）

1.一而再、再而三檢驗從事的工作，以免發生差錯。

2.什麼工作都要再重複一次，譬如說，別人的交代，就照著複誦一次，以便確認，以免發生差錯。

例如：售後服務，修理機械後，一定要再試一次運作看看，徹底診斷試一試確實沒問題才交差，這才是真正的服務。

工作時小心翼翼集中注意力去做，要把工作做得完美。

九、具備工作技能（Skill）

沒有技能就沒有服務。服務是一種行動，即應該具備該行動的技能，沒有技能的行動，如同沒有味道的料理。近來因為要節省人事費用，有些服務業雇用一些計時工，雖然並不一定都是專業人員，但是仍然要具備兼差者應有的技能。

如果因為是生手而只靠純潔的心，默默地工作，對小孩尚不至於有問題，但是對大人的服務就不能適用。這裡所指的技能，是能把事情處理妥當的要領或知識，實際上具體化的技巧亦可以說是技藝（Technique）。

只有知識無法得到技能，要不斷實踐力行才能獲得。又技能不但要身體力行，還要用心學習，不是靈敏的心無法獲得，極細微的事都要去注意到，除了事情的本身之外，周遭的環境都應關心，如果不能很用心去做就無法獲得技能。

技能係氣到、心到、手到三者的總合，故技能可以說是對事情的關心與熟慮，雖然手到是行動，對工作之優劣產生所謂職業與業餘之別，然而氣到、心到是手到的內在因素；換言之，由氣、心而產生行動之結果，這種關係就是學習技能的重點。因此只有手藝好不能說是技能高超，要氣、心、手三者合而為一的Play，才是真正的技能。

十、良好的介紹與接待

(一)Show & Relax

美國廣告業者的座右銘是：要給人看就大一點，即展示者及觀看者都會得到較佳的效果。

交通標誌、街道名、大廈的名稱，要標示大一點，讓人坐在計程車上亦能看得清楚，是都市化時代的法則。又例如廣告太小，會擔心看遺漏，如果是大的廣告不要太費神亦可以很清楚，就沒有這個掛慮。

要給人看就徹底大一點標示，是 Show & Relax 的意思，所有的介紹標識大一點，讓顧客能看得清楚是必要的。

㈡無知名度即不被利用

包括宣傳不徹底，多數人都不知道的商品，表示利用者亦少。所謂公共服務或社會福祉中，因為介紹不足而未被利用者約占三成，是一種浪費，至於民間企業的服務業之中，由於介紹不足而導致無法招攬顧客者更是不少，特別是像超級市場等自助服務的商店，業績與介紹之好壞有密切的關聯。

十一、接待安排要確實

㈠接待安排是業務的生命

對於服務而言，接待安排是服務的要件，是企業的生命，這裡所談的不是公司行號一般所謂接待小姐之「歡迎光臨」、「早安」等形式的舉止，是從顧客的預約接待，內部安排整個接待服務。

旅館、前檯工作為其典型，如果接待安排服務不能順遂確實而讓旅客得到滿足，其他的服務再好，一點也不能讓旅客滿意，這意味著「接待安排」，是業務的「顏面」。

因此，接待安排的顏面稍差，對製造業的業績並不會有太大的影響，但是對服務業而言為無形產品，顧客看到接待安排的顏面，常常依此判斷服務之好壞。

㈡接待安排是服務的勝負

接待安排之強化擴大，所謂付費售後服務、服務之系統化等，是成敗的重點。

例如：現在銀行24小時的服務系統，設立更多自動提款機，都是企圖提升顧客服務的措施。

十二、手續力求簡便

㈠服務從容易操作開始

無論是再好的制度與設施，要能夠很輕易去利用，才能發揮它的利用效果，如果使用操作困難的機械或工具，其價值將會減半。

特別是服務業，更要重視容易利用的問題，如申請預約、入會等有關的手續要簡便，否則手續繁雜都會影響銷售額。

美國有家對農人通信販賣公司寄發的行銷廣告說明書上如此說：Just see how easy... it is to open wards account!（分期付款制度是相當方便），吸引了不少顧客上門，如果手續太麻煩讓人卻步，看準消費者的心理，改善簡化手續制度，在容易支付（Easy payment）之前要大力加以宣傳手續簡便（Easy open）。

㈡商業方法之現代化

與公家機關相比，今天民間服務業，申請手續都相當簡單。不過在各種行業的領域有傳統的作業方法，為了想獨占而訂定的一些交易規則，是一種閉鎖的想法，當然，這些規則是複雜而無法輕易了解的，但是面臨更為開放的商業世界，將再無法生存。

所謂流通革新、工作方法的革新，是希望企業之擴展，一定要把老舊的方法去掉，創造系統化的工作方法，所謂標準作業程序，才能永續經營。

自我評量

1.要成為一位服務的高手，如何建立信心與自我肯定？請敘述之。

2.提升服務品質，要如何用心充分了解顧客需要？請說明之。

3.在服務的過程中如何鎮定、心情放鬆面對顧客？

4.提升服務品質努力的方向中，如何實踐大處著眼、小處著手？

第七章

服務業的管理與發展趨勢

摘　要

服務業具有與其他行業不同的特質：1.服務沒有實體產品，2.服務無法預先測知需求，3.服務受時間的限制，4.服務受空間的限制，5.服務無法重複使用，6.服務再生利用，7.服務很難做事前的管制。

服務的管理重點：1.把握消費者心理，2.建立套裝勞務概念，3.實施產能規劃，4.加強員工教育，5.審慎選擇公司地點。針對以上特質歸納出若干原則：1.確實管理策略，2.適才適用，3.減少勞務提升效率，4.顧客參與生產，5.服務顧客化。

國內促成服務業快速成長的因素不一而足，主要原因包括：1.一般消費者服務需求增強，2.人口結構老化，老人服務的需求增加，3.社會結構變遷，家庭型工作轉變爲市場型工作，4.生產者服務的需求增多，5.服務業走向專業化，6.教育水準、生活品質提高、休閒時間增多，7.服務業是一種沒有汙染的產業，8.服務業受經濟景氣循環的影響較小。

服務業有了革命性的轉變，而這些變化又往往是全球性的，所以其趨勢無人能擋，要特別注意：1.服務業已可客觀評價，2.服務已可突破時空限制，3.服務也可標準化（可品管），4.服務業跨行業的整合愈來愈多，5.服務業有往高接觸發展的趨勢，6.服務業有往高服務成分發展的趨勢。

全球的服務業已進入競爭更為激烈的時代。經理人對監督工作的組織及其他管理方式等，也需有新的認識與作法：1.以資訊代替資產，2.多國籍的競爭壓力日漸增強，3.連鎖經營將更加盛行，4.「小即是好」與「大即是好」的結合，5.模糊的產業範疇，6.保持應變能力，7.顧客化的服務，8.資訊權利的爭論，9.新管理方法的先鋒。

第一節　服務業的特質與管理

服務業的品質管理，除了前面幾章已經談過的「服務的定義」、「服務品質管理的基本概念」、「服務品質與顧客滿意度」、「服務業的品質實施事項」之外，還必須要先簡單介紹一下服務業的特質與管理上一些與其他行業不同的特點。

一、服務業的特質

(一)服務沒有實體產品

服務嚴格來說是沒有實體產品的，服務乃是態度、情緒、倫理等，都是相當抽象的概念，所以信譽口碑很重要。消費者在購買前不能作具體審視，而生產者也無法展示產品。有些服務雖然有實體產品存在，例如餐館的菜餚，但顧客對菜餚的認知（好不好吃），仍然是很抽象的（見仁見智，各有不同）。因此，服務業遠比一般行業更依賴商譽生存，服務業的形象塑造以及顧客的口碑，幾乎就決定了其成敗。有時其實你真的服務得相當不錯，問題是顧客就是不領情，口碑就是不好，最後你也百口莫辯，只好黯然退出市場。

(二)服務無法預先測知需求

服務是無法預先測知需求的，所有服務業每天開門迎賓之際，都無法確定當天會有多少顧客光顧，因此無法設定產量的目標，也無法事先決定今天要服務幾個顧客；不像生產事業自己可以設定每天要生產多少產品，如果真的銷售不完，大不了暫時先予以庫存。服務業則不然，所有服務都不可能提前生產儲存備用，以餐飲業為例，客人還沒上門你也不能先把飯菜料理好，因為你連客人要點什麼菜色都還不知道，更何況也不可能到時叫客人吃冷飯菜或再回鍋。

㈢服務受時間的限制

服務（因為不能提前生產儲存備用）受時間的限制很大，雖然一些與服務相關的事物還是可以事先作準備，但真正的服務都必須當場為之，不能儲存或閒置。消費者實質上參與在生產過程裡，並且影響到勞務的品質水準。所以服務業的管理異常辛苦，今天可能只有兩個顧客上門洗頭，你一看業務不好只留下兩、三個師傅，把其餘的都辭退了，沒想到過幾天，卻在一個上午就來了三、五十個顧客，你又不可能臨時找到一些師傅來幫忙，只好手忙腳亂，或眼睜睜看著顧客上門又離去。顧客指定的髮型的細節要求亦有助最後對此服務約滿意度。同時，生產過程也受影響。

㈣服務受空間的限制

服務不但受到時間限制，受空間的限制也很大，服務的提供受地點、定點之限制頗大；產品的生產與消費是同時進行或完成，可以說服務是很受時空限制的。例如臺北市的餐廳再怎麼有名，也只能服務臺北的顧客，除非能發展連鎖店，朝中南部進軍，否則很難服務到中南部的顧客；不但時間與地點受限制，空間也有所限制，你的店面多大、容量就是多大，顧客一多必定要排隊，一點辦法都沒有。勞務產品的生產地點具有重大意義。

㈤服務無法重複使用

服務通常必須立刻享受使用，而且用完就沒有了，無法重複使用或享受。你若購買實體的產品，例如CD，你可以高興什麼時候聽就什麼時候聽，高興聽幾次就聽幾次；但你若購買一項服務，譬如去聽演唱會，當場你若掩耳不聽，等表演人員一唱完就沒有了，你不能事後再要求別人特地為你唱一遍，當場不享受或使用，服務一結束就沒有了。

㈥服務無法再生利用

服務本身，其生產過程、遞送過程已混一起，亦即生產功能與市場功能往往混合，服務通常是無法作資源回收、再生利用的；服務不只必須立刻享用、無法重複享受，往往也是不能回收再生、再利用。服務時所運用的資源都是普通的資源，多半都還可以回收再用，例如許多服務過程中都會大量使用紙張，這些紙張當然還是可以回收再生；但這些紙張並不是服務，並不具有服務功效，是提供服務的人（使用紙張時）賦予它功效，所以服務並不是這些紙張，乃是過程（流程），過程一過，服務就不見了，當然不可能再生利用。不過，服務相對也比較沒什麼汙染可言，不至有例如工業廢料的環保問題，當然服務過程所必須使用的資源，還是要盡可能選擇沒有汙染性者。

㈦服務很難做事前品質管制

服務是很難在事前做任何品質管制的，只能事後檢討改進。服務既然不能預為儲存，當然也就很難做品質管制。顧客上門之後你才開始「服務」，不管你提供的是哪一種服務，都不可能一邊有人在為顧客服務，一邊有人監視著他為顧客服務的過程，即使有人監視，也不可能做品質管制，監視者即使發現服務人員的服務流程或方式有誤，都不可能、更不可以當場制止或糾正（假如你發現你的師傅把顧客的髮型做錯了，當場不糾正絕對比糾正還省事，可以避免許多不必要的麻煩，當然事後一定要提出檢討），所以服務是很難做事前品質管制，監視人員只能在事後提出檢討，要求服務人員改進，而且此一檢討最好還是私下為之，不要公開進行，以免打擊服務人員的士氣。這與生產事業可以正式就產品做抽驗、品管，使不良品絕不外流等，是非常不一樣的。同時產品品質很難統一，不同的人生產同一產品，或同一人在不同時間提供同一勞務，其品質水準都很難冀求畫一[1]。不過，在生產事業所推動的全員參與品管的觀念，仍然適用於服務業，甚至服務業更應該要用此觀念，讓每位成員都有嚴謹的品質觀念，服務才能維持最高水平。

二、服務業的管理重點

㈠把握消費者心理

由於產品的非實質性，生產者必須了解消費者心理，找出並解決個別消費者的特殊需要，或者強調產品的特質，更不可忽略大眾傳播或廣告的影響以及知名度的建立，更重要的是管理者應有面對強烈競爭的心理準備。因為勞務生產上的創新意念，一般不受專利法的有效保障。

㈡建立套裝勞務概念

由於消費者參與生產過程及傳送，故不易對每日的流程作有效控制與規劃。但如能在這方面有表現，則對整體生產效率將貢獻甚大。此外，由於產品與生產過程是不可分，「全面勞務」或「套裝勞務」的概念有其一定價值。

例如：除了提供指定服務（如提款）外，全面勞務還包括規劃輔助作業過程、設計與控制傳送過程，以及改善生產（消費）環境、氣氛等，以冀每一環節無懈可擊。從需求面主動改變顧客期望、態度與行為模式的努力，在許多勞務作業管理中也都頗見成效。

1 李良達（1998），《服務高手》，時報文化出版公司，pp.155～158。

(三)實施產能規劃

由於勞務是不可儲藏，消費者又要求即時滿足，加上不易預估消費，產能規劃乃成為勞務管理中最重要的一環。

(四)加強員工教育

由於品質的差異性，勞務作業的「品質控制」工作極難進行，但如有成效，則是實質報償最大的一項。是以許多雇主投資大量資源在員工進修與訓練上，清楚界定出管理項目、品質標準，以達到齊一服務水準。麥當勞便是一個明顯的例子。

(五)審慎選擇公司地點

基於生產與消費是同時發生、進行或完成，故選擇生產地點極端重要。此外，由於同樣原因，廠商的服務範圍一般都局限在較小的地區，因而照顧個別消費群或發掘地區特質，也是生產與管理時必須顧及的重點。

三、服務業的管理原則

針對以上特質及重點，現代管理學者歸納出若干原則（或是管理哲學）以供參考：

(一)確實管理策略

確定本身產品中純勞務與實質的成分，然後採取適當的管理策略（尤其是實質成分高的產品如快餐食品，更不可惑於實質部分而忘卻全面勞務的原則）。

(二)適才適用

不同功能的對待。如產品能區分為純勞務部分與實質部分，則不同的生產功能，最好由獨立的部門與人員執行，以盡量減少消費者與技術核心（人員與生產設備）的接觸，及對生產作出的干涉。此外亦應適才而用，將擅長處理人際關係的人員盡量安排予純勞務工作。

㈢減少勞務提升效率

在適當情況下，盡可能以技術及設備取代生產者與消費者的直接接觸，例如一般化與標準化的勞務產品（如麥當勞漢堡），及所謂預先包裝好的「勞務產品包」（如郵購服務、用後即棄的針筒、家用工具箱等）。

㈣顧客參與生產

增加顧客的參與，例如自助加油站、自動提款機等。同時將節省了的成本與顧客分享，改變消費者對勞務產品的要求條件。

㈤服務顧客化

但在某些情況下，又需增加產品的純勞務成本，即「顧客化」，以爭取競爭條件。例如汽車廠或電器廠的服務中心，或強調自助式的快餐店等，都是用關懷個別需要為號召，或是以為作業的準則。

這五項基本原則都是著眼在盡量減少勞務生產的特質對生產的不利影響，尤其在控制與計畫方面，以達到現代化的管理方法與技巧。[2]

第二節　國內服務業發展的原因

國內快速成長與變遷中的服務業，因為加入WTO之後，未來將面對更激烈的國際性侵入者的競爭，連鎖經營會更加盛行，營業規模將日益擴大，而進入該市場的困難度也將日益提高。

隨著經濟的不斷發展，服務業的生產毛額將不斷擴增。根據行政院主計處的統計，服務業的生產毛額從民國75年的新臺幣11,108億元增加到民國90年的64,124億元。在十六年間增5.77倍，顯示隨著臺灣經濟的發展，服務業

[2] 段樵，《服務業的特質與管理》，pp.153～156。

將扮演愈來愈重要的角色。促成服務業快速成長的因素不一而足，主要原因包括：

一、一般消費者服務的需求增強

隨著家庭所得的提高，家庭的服務支出占家庭消費總支出的比重提高，消費者更加重視生活品質，對提供餐飲、旅遊、保健、休閒、教育等一般「消費者服務」的需求將日益增強，因此，消費者服務的市場將不斷擴大。

二、人口結構老化，老人服務的需求增加

臺灣人口結構漸趨老化，加上小家庭制度的盛行，有關老人安養所需的服務市場將日益擴大。

三、社會結構變遷，家庭型工作轉變為市場型工作

職業婦女繼續增加，家庭勞動力不足，若干原為家庭型的工作將轉變為市場型工作，諸如托嬰所、托兒所、育幼中心、速食店等服務業均可望隨職業婦女的增加而成長。

四、生產者服務的需求增多

未來產業分工將更為精細，產銷分工亦將日趨專業化，商品生產者需要服務業提供的服務項目愈廣，更需要依賴服務業的活動以增加其生產力，如金融、保險、法律、會計、廣告、公共關係、資訊傳輸、資料處理、設備租賃等「生產者服務」的需求將更加強烈。

五、服務業走向專業化

當工業規模擴大時，某些原來附屬於貨品生產組織的服務生產部門或服務生產活動，可能獨立而自行運作。例如研發、行銷、廣告、財務、會計部門，脫離原先附屬的生產組織，而自行從事專業化的服務生產，以提高其事業的服務效能，此亦將有助於服務市場的成長。

六、教育水準、生活品質提高，休閒時間增多

教育水準、生活品質提高，可反應在消費行為上，對高層次服務業需求增加；休閒成為生活的一部分，服務業則可提供好的休閒服務來滿足需求。

七、服務業是一種沒有汙染的產業

汙染問題是全世界都感到棘手的問題，我國當然亦不例外。服務業不需要投資巨大的汙染處理設備，對環境汙染較輕。

八、服務業受經濟景氣循環的影響較小

當前投資意願不高，在不景氣期間，服務業的成長韌性及耐性都比工業強，而且經濟衰退期間的失業人口反而能藉由服務業加以吸收。

第三節　服務業管理的發展趨勢

服務業雖然是如此的抽象而難以品質管制，但因社會變遷、消費意識抬頭，加上科技驚人進展，服務業的管理在這幾年來也產生了若干的變化。這些變化都是十幾、二十年前所不能想像的，甚至可以說這些改變已是顛

覆了傳統對服務業的觀念與看法，使服務業有了革命性的轉變，而這些變化又往往是全球性的，所以其趨勢無人能擋，所有服務高手都要注意。

一、服務業已可客觀評價

因為服務如此抽象、見仁見智，所以很難量化作比較與評鑑，服務業就更難有客觀的基準來評價，例如電腦程式軟體功能好壞或餐飲服務（口味、氣氛）品質優劣，都是很個別性、很主觀的；每個人的需要與口味不同，有人認為是好的，則會有別人可能認為是差的；有人以為是不好的，別人卻可能視如珍寶。

但目前已有愈來愈多的服務業評鑑制度，例如：航空公司、觀光飯店、旅行社或醫院，甚至學院教育等，都已有很客觀、能被多數人接受的評鑑基礎。這些評鑑基礎也或多或少與現今科技設備的進步相關，例如：醫院與學院的評鑑中，其所設置的科技設備之多寡，本身就是評鑑的重點。又不論是哪一種服務業，其資訊（電腦）化的程度也都是評鑑的重點之一；甚至現在已可預見，將來全世界對服務業勢必將有相當一致化的評鑑基準，而最重要的指標則是服務業網路化的程度（深度）；或者說業者可以在網路裡提供服務的程度，也就是業者利用網路來加強服務的程度。

由於電腦運算的方便與迅速，服務業的評鑑已發展到非常迅速的地步，連最變化多端的證券經紀業，包括基金經理人、基金經營效益，都隨時可以在很短的時間內就結算成績，甚至還可以有基金投資組合的虛擬競賽，這在以人工撮合競價的時代絕無可能。

二、服務已可突破時空限制

由於不能預先儲存存貨及長途運送，服務業原本就深受時空的限制，例如臺北的餐廳再好也難為高雄人服務（特別去外燴或專程北上，成本很高不合算），又例如銀行忙的時候擠破頭，閒的時候卻門可羅雀，亦不能在閒的時候預先儲存服務。但是現在情況已改觀，像自動櫃員機就等於是讓銀行業可以儲存服務與運送服務到其他地點（同時突破時空限制），對銀行業的經營帶來極大影響。

三、服務也可標準化（可品管）

服務的動作本來就很抽象而難以標準化，所以服務業很難品質管制，然而現在許多服務業藉著將服務動作標準化，已可有效的進行品質管制，這種服務（動作）的標準化，不只使服務業可品管，更使服務業可有全球連鎖之趨勢（服務可推廣為全球化）。從快遞業、租車業、速食業到保險業，美國許多服務業在臺灣都非常流行，而且在臺灣所提供的服務水準並不亞於美國本土，就是因為服務動作經過標準化的設計，漂洋過海到臺灣之後，依樣畫葫蘆，比照標準化的動作來訓練服務人員，所有配備及原料，也按照標準化來採買，如此一來，最終所提供的服務水準，當然也就能夠維持和美國本土一樣的水準。

四、服務業跨行業的整合愈來愈多

以往服務業以專精為尚，現在則有愈來愈多跨行業整合的趨勢，也可說是服務業有複合式經營的趨勢，例如開書店兼賣餐飲、洗車兼作汽車美容，尤其是金融服務業兼營產品之販賣。此外，即使仍強調專精者，其所運用的專業技能也早已跨越單一行業，餐飲業最典型；多數較大規模的餐飲業，口味早已兼具多家之長，在一定規模以上的餐廳裡，我們已很難找到純湖南館（湘菜）、純四川館、純江浙館、純北方館或純臺灣小吃了；而餐飲業的服務方式更是早已東西合璧，從裝潢設備到餐具，都往往集中西餐之大成，不再有明顯的區隔。甚至是中餐用餐方式現在也已西化，不再像傳統中餐大盤上菜，也改成套餐式的每人一份（一小盤），按人頭算錢，簡直與吃西餐無異，但菜色卻道道地地是中餐。

五、服務業有往高接觸發展的趨勢

所謂高接觸服務業，如：電影、酒廊及娛樂場所等最是典型，其特色是服務者所需要具備的專業技能較少，服務過程與顧客的接觸相對較多，行業經營主要是靠人際關係。

此外，如銀行、專業技師及經紀商等，在傳統服務業的認知上被定位為中接觸服務業，其特色是服務者所需具備的專業技能比高接觸服務業為多，與顧客的接觸則相對較少，行業經營兼靠人際關係與專業信譽。

再者如批發商、郵局、報業及郵購業等，則被定位為低接觸服務業，其行業特色是服務者所需要具備的專業技能最高，服務過程與顧客的接觸則相對最少，行業經營主要靠專業信譽。譬如你可能很喜歡某一報紙的社論，每天必讀，但你根本就不知道這些社論是誰寫的，他天天為你服務，你卻根本不知道他是誰，也不曾與他有任何接觸。又譬如二、三十年前，臺灣的郵政效率舉世聞名，大眾對郵局也很信賴，郵差每天為大家服務，你每天都能收到或寄發信件，你享受郵局的服務，但從不曾認識郵差是誰，這都是低接觸服務業的典型。

但類似這樣傳統的分類方式可說已被新的發展趨勢所打破，服務業的新趨勢已無所謂中接觸或低接觸的服務業，所有服務業都全面朝高接觸發展。並非專業技能不再重要，而是因社會的多元化與開放化、資訊普及，教育水準又大幅提升，大家都有專業技能，都不再有任何專業或特權資訊的優勢，只得靠最好的人際關係來發展業務，服務的過程也都必須與顧客有最高成分的接觸，否則無法滿足顧客的需要；因此，服務業全面成為既要高度專業又要高度接觸的行業。

六、服務業有往高服務成分發展的趨勢

在傳統教科書上，服務業還有另一種分類的方式，凡提供服務時的直接材料成本占總成本之比重愈低，亦即提供服務時的裝潢與人力工時之成本所占比重愈高，則為高服務成分的服務業；反之則為低服務成分的服務業。也可以說，凡服務時所能附加上去價值高的叫高服務成分的服務業，所能附加價值低的叫低服務成分的服務業。

理髮業是最典型的高服務成分的服務業，本來理髮沒那麼貴，理髮所必須花費的直接材料有限，但人工成本很高，所以理髮的價格並不便宜。如果理容院再投注大量資金做高級裝潢，雖然這些裝潢與理髮本身並無直接關聯，但收費仍必定高得叫你咋舌。由此也可以發現，當高服務成分的服務業收費到達相當水準時，必定促使消費者轉而設法自己動手，這就是為什麼許多人赴美留學時都自己理髮，即為此道理；因此，如果原本是服務業所經營的項目，但卻愈來愈多人自己做，多少可以證明此一服務業已愈來愈高服務成分了。

而由於近年來所有服務業皆有朝高服務成分發展的趨勢，雖然服務的水準或內容大有提升，但收費卻更是水漲船高，並非普通人所承受得起，所以愈來愈多人在許多事上都設法DIY。例如家庭主婦們一定會對西式速食業的炸雞塊印象深刻，同樣的炸雞塊，在超市或量販店一大包才多少錢，買回家自己炸來吃總成本才多少錢，但若到西式速食店消費又是多少錢，聰明的讀者由此便知西式速食業當然也是高服務成分的服務業，一杯可樂成本其實相當低，卻至少要二、三十元，都是很明顯的例子。

既然服務業有全面朝高服務成分發展之趨勢，服務業的經營管理者就面對著極艱難的挑戰，因為消費者支出增加，要求當然亦會增加，也就會更挑剔。因此，服務所創造的附加價值以及所給予消費者的感受，也一定要

相對提高，否則生意必將大受影響。[3]

第四節　服務業的未來

全世界的服務業已進入競爭更為激烈的時代。對大多數顧客而言，這將是他們的黃金時代。而能夠掌握時代脈動的管理人，才能從中獲得優勢及利益，企業才能生存永續經營。

例如我國加入WTO以後市場更自由化、國際化，經理人要體認到管理服務業，就必須有更多、更正確的資訊，以掌握價格與成本的關係。未來服務業的發展型態將是：第一，以資訊代替資產的新方式；第二，「小即是好」（Small is better）的格言，將結合「大即是好」的傳統智慧，同樣的在現代經濟體系中扮演主要的角色；第三，由於科技改變了服務業的範疇，故將迫使經理人常需重新定義他們的事業。

除了上述三項之外，另外還有一些漸受重視者，其中之一就是保持應變能力的重要性。所以企業必須準備多種方案，以便掌握並運用新科技，同時也要掌握那些可能會改變整個產業結構的觀念。另外，這些經理人也重視以合理成本提供顧客化服務的新觀念。目前有許多產業會要求經理人善用公司資料庫中的有用資料。而且，科技變遷和解決法令限制等的力量，對服務業的多國性競爭也有很大影響，這些力量刺激了多國競爭活動，單一的政府已無法遏阻這種趨勢。

在運用上述這些見解來發展公司和產業的過程中，服務業中的經理人對監督、工作的組織及其他管理方式等，也需有新的作法。

---

[3] 同註1，pp.159～164。

一、以資訊代替資產

製造業以資訊代替資產的作法，已風行全球，任何一種降低存貨的方案，都有這種特性。服務業在這方面的努力也一樣，只是較少見諸文字報導而已。由於新的資料處理設備和通訊科技日益發達，以及資訊有效運用的新發展，使得這種「代替性」能夠發揮作用。

銀行減少傳統服務方式的分行，設置自動櫃員機，便是以資訊代替資產的例子。

百貨公司利用資訊系統掌握所有類別的每日銷售資料，更進一步監督追蹤，以便決定是否繼續進貨，減少庫存，甚至達到「不需倉庫」能控制補貨的作業。

二、多國籍的競爭壓力日漸增强

民國七〇年代以來，政府已積極採取市場開放措施，尤其加入世界貿易組織（WTO）之後，經濟自由化與國際化的腳步更為快速，已大幅降低對國內市場的保護程度，並對外商來臺採取開放政策。臺灣的服務業市場亦將加速對外開放，多國籍服務業者將陸續以直接投資或技術合作的方式來臺營運，勢必面臨外國服務業者的強烈競爭壓力。

民國七〇年代以前，外國企業來臺投資營運大多以製造業為主。在服務業方面，除了金融業之外，很少被允許。但是，隨著經濟自由化和國際化政策的推行，許多多國籍服務業者陸續登陸。市場開放政策將使不斷成長中的臺灣服務業市場，成為本國業者與外國業者競相爭奪的「國際性」市場。

最後，撇開政治因素不談，全世界已開發經濟體系中的服務業，都呈現出快速的成長。半數以上的就業人口都從事服務工作。在全球大量的服務需求下，以及在晚近更便宜、更好的服務方法發展下，各國人民、企業和他國官方代表，都愈發要求當地政府降低競爭的障礙，而且這種要求將愈來愈無法抗拒。

三、連鎖經營將更加盛行

連鎖經營可享大規模經濟利益，降低採購、管理等各項營運成本，增進行銷效率。臺灣服務業的連鎖經營由來已久，而業種別亦不少，如統一超商、金石堂、房屋仲介、大飯店等建立了連鎖體系，未來連鎖經營將更加盛行。

四、「小即是好」與「大即是好」的結合

由於零售連鎖店不斷改善其零售店空間的生產力，造成專業零售店店面日益縮小的趨勢。

全球許多航空公司為了降低每「座位數-哩程」的成本，陸續添購大型、廣體的客機。波音777及空中巴士300型系列的飛機，就是配合此需求的產物。但是航空公司逐漸體認到，一旦載客率不高，反而使得載客成本更形升高，而且以商務為主的乘客，所要求的是準時的起降和頻繁的班次，這與有效運用廣體客機的觀點是背道而馳的。故其中最重要的一項措施，就是將飛機班次安排得更符合乘客的需要。

今日美國絕大多數的電力事業，都遭遇了類似的設備規模等問題。多年來該產業都認定發電產能愈集中於一地，就愈能發揮經濟規模的好處。然而在一九七〇年代，電力工程師發現產能大過某一點時，會因供電穩定度的下降，而呈現報酬遞減的現象，因此原先所期望的規模效益便消失。大型核能發電廠的設置計畫，也受到環境保護團體的反對而懸宕不決。另外，更由於傳輸剩餘電力的設備相當進步，使得電廠可從他處購買低成本

的電力，所以使得設置大型電廠這種「大即是好」的策略，受到了致命的打擊。

不過目前絕大多數服務業者，尤其臺灣旅行業規模都較小，形成惡性競爭，產值較低，預期未來有購併或連鎖經營，使營業規模日益擴大才能生存。

因此極大化與極小化同樣具有經濟效益。值得一提的是，這種觀念與「資訊代替資產」是相關的，也就是說，資訊科技的發達，使得規模經濟的效益得以發揮。

五、模糊的產業範疇

科技的變遷與隨之而來的企業因應策略，造成產業間嶄新的競爭型態，也就使得傳統服務業的經營範疇變得模糊不清。某些產業將會合併起來，例如旅遊、運輸和相關服務業、財務服務業、通訊業、專業服務業，以及貿易業（零售業及批發業）。然而，在這些大規模的合併中，仍然會有新的分或合的演變，使得產業範疇持續不斷的改變。但目前大多數公司已重新定位在兩個或多個產業交會點上。科技發展使得產業間（Interindustry）的競爭愈演愈烈，因此服務業的經理人也必須定期且不斷的評估他們的事業目標和定義。

六、保持應變能力

美國愛迪生聯合電力公司（Consolidated Edison）的經驗，說明了服務業另外一個明顯的趨勢。由於固定投資較大的大型電廠，已無法再獲得規模經濟的效益，該公司發現運用其他科技，例如更進步的電力傳輸科技（可從他處傳輸低成本的電力），更可以獲得優勢的定位，因此，該公司便發展出全國性的輸電網路。

瑞德（John Reed）在任職花旗銀行總裁前，就曾經仔細規劃過銀行一般存提款的事業。瑞德獲得最後成功的主要因素，就是他能夠停止設置傳統的銀行據點。他在那個時候就結合了電話、郵件、信用卡及自動櫃員機，組成銀行存提款的網路。由於當時他能夠有效的運用新發展的科技，並掌握顧客對新式銀行服務的偏好，所以在應變能力上表現得極為出色。

七、顧客化的服務

由於法令限制的解除和相關科技的發展，使得顧客化服務的機會愈來愈多，而成本卻增加不多——尤其在高資訊密度的服務中更是如此。

今日新聞報業已從過去每日發行一種產品，發展到能夠針對多個區隔市場（通常是不同的地區）提供各具特色的新聞報紙。快速的印刷科技和傳輸過程，使得偏遠的小地區也能收到夠份量、具地方色彩的報紙。

八、資訊權利的爭論

雖然對大多數服務業而言，資訊是相當重要的資產，然而有關保障資訊權利的爭論，也將與日俱增。對於資料濫用和電腦竊盜等，都有定期的檢討報告，因此使得許多公司在運用資訊上不再稱心如意。

雖然對大多數服務業而言，資訊是相當重要的資產，然而我們在運用資料時，一定要避免侵犯他人的隱私權：⑴只能取用與公司業務有關或必要的個人資訊、⑵確定只有被核可的人員才能取得相關的紀錄資料、⑶公司中任何成員有權利要求在各郵寄名單中，將其姓名除去。上述規定中各種原則，同時適用於規範公司當局，以免侵犯到員工的隱私權。

九、新管理方式的先鋒

在服務業日趨重要的時代，服務業的經理人將是探討新管理方式的先鋒，也是將來驗證管理理論的中流砥柱。

如果未來最具影響力的管理方式，是由一群背景各異（而且通常不是工程人員出身）的服務業經理人所主導的話，又將呈現出何種面貌呢？如果是以女性經理人為主、較不受工會影響或以人員及資產為主要資產（而非工廠和存貨）的服務業，其管理方式又將如何演變呢？

加特納和李斯曼（Gantner & Riessman）對此趨勢提出了一些可能的假說：

針對工業主義者所關心的商品數量、獎懲方式及科層（官僚）組織等重點，我們應如何去推論能夠描繪出服務化社會（Service society）特質的各種原則，以區別它與工業化社會的差異？這些原則可能包括更多的參與、個人的成長、人員導向的規劃方式、分權化、持續不斷的教育、生活品質（此為服務化社會的核心目標）、更進步的消費者主義、工作自主性、對生態的關切以及消費者密集的工作（Consumer intensive work）。

簡言之，資訊資源與其他資源有根本上的差異。因此，過去在商業、政治和聲望上，以實體物品為重要資源主要目標的觀念，不一定適用於資訊的時代。也就是說，過去以資源稀少性、大量生產、產品差異化、運輸問題，以及資源的儲存及囤積等觀念，在以資訊資源為主的社會中，都不再存在了。[4]

自我評量

1.服務業與其他行業具有哪些不同的特質？

2.服務業的管理原則為何？

3.我國服務業發展的原因為何？

---

[4] 嚴奇峰譯、James L. Heskett著（1987），《服務革命——服務業的眼界、戰略、趨勢》，遠流出版公司，pp.246～263。

4.服務業有往高接觸發展的趨勢如何解釋？

5.服務業的未來趨勢有「小即是好」與「大即是好」的結合，實況如何？請說明之。

第八章

餐飲業服務品質管理

摘要

餐飲業其生產、銷售、服務以及經營方式皆與其他行業不同。其經營管理的特點如下：一、在生產方面有：1.餐飲產品生產屬個別訂製生產、2.商品易腐壞性、3.銷售量的預測很困難、4.生產過程時間很短、5.產銷之兼營性。二、在銷售方面：1.受空間的限制、2.受時間的限制、3.收入以現金爲主，資金周轉快、4.餐廳設備要豪華，有高雅的氣氛供人享受、5.銷售毛利多。三、服務方面的特點：1.員工之專業性、2.服務態度與顧客滿意度息息相關、3.寓銷售於服務中。四、經營方面的特點：1.投入資本的適切性、2.立地條件要良好。

我國各式各樣的餐廳林立，分類方式各異，有的以服務方式來分類，有的以經營方式來分類，有的以消費層次來分，有的以地方口味來分，不一而足。而我國交通部觀光局分類爲：1.餐飲業、2.速食餐飲業、3.小吃店業、4.飲料店業、5.餐盒業。

餐飲服務品質管理必須要先建立管理的基礎：1.必須確立餐飲服務品質標準，2.必須蒐集和利用服務品質訊息，3.必須重視餐廳服務員工的培訓，其次確定餐飲服務品質水準與標準，最後各類型餐飲業的定位與選定目標市場。

至於顧客滿意的服務手法，首先要了解消費者的需求與趨勢，迎合顧客的評斷；滿足顧客用餐的經驗；服務人員行爲舉止一定要符合服務品質的標準。其次建立服務系統，第三、評估與改善，第四、重視顧客的反應，第五、建立獎勵措施。

臺灣地區由於經濟快速成長、國民所得的提高、都市人口的增加、政府對休閒政策的重視、社會人際關係的改善、飲食習性的改變、小家庭制度的興起，國人在外用餐的外食人口亦日益增加，大小餐廳林立，處處呈現出一片欣欣向榮的景象。

然而餐飲業由簡單而變得複雜化及多樣化，從過去的主要以滿足膳食與飲料等基本需求，而演化到今日除了提供快速而精緻的餐飲產品之外，為了能吸引顧客，滿足消費大眾的需求，除了有豪華的裝潢、新穎的設備，具有特色物美價廉的菜餚之外，更要有良好的服務品質，才能獲得競爭優勢經營發展。

第一節　餐飲業經營管理的特點

餐飲業其生產、銷售、服務以及經營的方式皆與其他行業不同。必須先了解其本身的特性，始能把握其重點，以進一步運用到事業的發展上，獲致最大的成果，茲將餐飲業經營管理的特點分述如下。

一、在生產方面的特點

㈠餐飲產品生產屬個別訂製生產

餐廳所銷售的菜餚都是經客人事先選定或進入餐廳並點菜後，再製作成個別的產品，它與工業產品統一規格、大批生產的成品不一樣，其銷售的方式亦不相同。

㈡商品易腐壞性

餐飲業原則上是顧客上門才有生意，可是所需原料則必須事先採購備用，尤其一些新鮮原料，都需在很短的時間內加以烹煮，否則即會變質或腐壞。如餐廳的座位將它視同商品，沒有被利用的空位，則形同商品之腐壞，也就失去其「機會價值」。因此如何維持食品安全，延長其價值，甚至要如何提高餐廳座位的利用率，都是經營餐廳應重視的課題。

㈢銷售量的預測很困難

餐廳每天光臨顧客的人數及其所要消費的菜餚數量和種類很難預估，因此材料的準備及員工的安排，較難掌握。

㈣生產過程時間很短

餐飲業的生產過程和其他工業產品不同，產品幾乎是接受顧客點餐之後，即經過廚房的烹調、服務人員的端送、到客人消費、結帳完成交易離店，這一連串的過程時間很短促，所以必須準備充足的原料及經驗豐富、動作敏捷的廚師與服務人員，才能滿足顧客的需求。

㈤產銷之兼營性

餐飲業的生產過程與一般的工業產品不同，從加工製作到銷售交易，需在同一時地進行，此外，生產量又受顧客量與季節及天候的影響，顧客在購買前不可預知，菜餚的口味、嗜好相異的餐食，均需在極短暫的時間內完成交易，因此，餐飲業可以說具有生產與銷售之兼營性。

二、在銷售方面的特點

㈠銷售量受空間的限制

餐廳有一定的顧客容量空間與桌椅數量，生意好的時候，一到用餐時間客人如潮水般湧入，常常造成爆滿，無法同時容納過多的客人，有些趕時間的客人，不耐久候，即失望離去，是餐廳的一大損失。因此，要如何克服這種狀況，以增加餐廳的營業收入乃是一項重要的課題，如加強出菜、上菜的速度，以提高顧客的轉換率外，外帶的銷售方式，亦是值得餐飲業研究的課題。

㈡銷售量受時間的限制

一般用餐的時間都有較固定的時段，如早、午、晚，在約兩小時的時間內所能提供的份量有限。因此如今臺灣地區的餐廳，隨著消費者需求的變化與充分利用有限的空間，在早、午、晚三次正餐時段之外，推出所謂下午茶（下午兩點到五點），還有宵夜、午夜點心等，妥善調配服務人員，以因應不同時段的顧客。

㈢銷售收入以現金爲主，資金周轉快

餐廳的營業收入中，小額交易多以收現金為主，因此資金周轉快，用現金採購的原料款項，當天或過幾天就可以收回。

㈣餐廳設備要豪華，有高雅的氣氛供人享受

現在的人在餐廳用餐，除了要求美味的菜餚及親切的服務之外，希望在餐廳裡享受優雅的氣氛、悅耳的音樂，因此餐廳的裝潢布置、桌椅、娛樂設備、音響、燈光，甚至空調設備均要加以講究，投入可觀的資金。

㈤銷售毛利多

餐廳的銷貨收入扣掉原料成本，稱為餐飲銷售毛利。一般而言，酒類飲料約有七成，西餐類約有四到五成，中餐類有三到四成的毛利，若能善加撙節其他支出，且經營有方，餐廳的獲利機會很大。

三、服務方面的特點

㈠員工之專業性

餐飲業是一種專業性的組織，從業人員有很多技術性的（廚師、調酒師、水電技師、會計、出納、經營管理人員、節目表演及主持人等），也有是半技術性的（如服務生、洗潔工、接待人員、倉儲管理員、安全警衛人員等），每一種人都需各具專長，各司其職，盡其本分，尤其廚師及管理人員，常需經長時間的培育或養成教育，始能勝任，因此餐飲業必須集結技藝專精和有餐飲生意熱忱及敬業的專長人才，作長期培養使人與事皆能專業化，營運效率自然可以提高。

㈡服務態度與顧客滿意度息息相關

餐廳服務與客人的接觸時間較一般商店為長，服務的相關人員亦較多，服務人員的態度、禮貌和技巧，往往影響到客人對餐廳的印象，亦影響到客人前來用餐的意願與感受，因此，餐廳人員除了要做好生產、銷售的工作，更應該注意做好優質的服務。

㈢寓銷售於服務中

餐廳銷售成功與否，大部分取決於服務人員的服務態度與銷售技巧。因此要培養服務人員銷售的技巧，使客人不覺得是一種推銷或兜售，而是站在客人的立場所提供的一種服務。

四、在經營方面的特點

㈠投入資本的適切性

投資餐飲事業其主要目的乃在於賺錢，而要獲致投資利潤，當然要考慮到經營生意的三要素：土地、人力及資本。時下有很多人在創業之初，即投入鉅額資金在餐廳的裝潢及設備上面，致資金運用失靈，而被迫造成企業倒閉或停業。因此，投資餐廳時對於資金的運用應作適切的控管，詳細的計算，避免一味的講求豪華作些不必要的排場，設備過大或過多都是浪費，務必使每一項投資皆是基於便利顧客的生產設備，且要保持營業發展的彈性。一般來講，投資一家新開餐廳的周轉金，要具單獨支撐最初六個月的一切費用支出，並且要能把投注資金壓到最低限度，使資金作最合理的運用，才能在穩定的營運中求發展。

㈡立地條件要良好

餐飲業的經營與其他事業不一樣，尤其餐廳座落的位置是否適中，對營業的關係重大，如果能夠選擇立地條件理想的位置，將可收地利之便，在營運上勢必占盡便宜，例如地點選擇在交通便利、靠近市場、人口集中、流動量大的地方，餐廳本身又附設有停車場，在經營上就已經成功一大半。因為交通便利，使得客人不費時不費力前來惠顧；靠近市場，便於餐廳原料、材料的補充或進貨，另一方面亦可節省時間及運費成木；人口集中或流動量大，則可吸引大量的人潮前來消費。俗語說：「就近的顧客占有七成。」因此，在經營理念上，在人口集中的市中心或者社區裡，餐廳的經營要與他們緊密的結合在一起，提供熱忱的服務，獲取他們的好感，當他們一有餐飲聚會時，往往會選定附近有特色與體面或附設有相關設備的餐廳，例如在大學附近，學生社團活動多，極適合開設價位合理、氣氛優雅、附有會議功能的簡餐餐廳；在機關林立、公司行號密集的市中心，則適合開設大型豪華的餐廳。總之，餐廳地理位置的選擇極為重要，尤需將餐廳附近的因素加以考慮進去，鎖定目標市場商圈的顧客，針對消費者的需要，研擬經營方針，始能立於不敗之地。

第二節　我國餐飲業現況

我國各式各樣的餐廳林立，種類繁多不勝枚舉，分類方式各異，有的以服務方式來分類，有的以經營方式來分類，有的以消費層次來分類，有的以地方口味來分類……，不一而足，茲舉兩種分類分述如下。

一、我國交通部觀光局的分類

依據觀光局委託中興大學經濟系所作的「觀光統計定義及觀光產業分類標準研究」之分類，將餐飲業細分如下：

㈠餐飲業

專門經營中西各式餐食且領有執照的餐廳、飯館、食堂等行業，例如中式餐飲業、西式餐飲業、日式餐飲業、素食餐飲業、牛排館、烤肉店。

㈡速食餐飲業

包括了漢堡店、炸雞店、披薩店、歐式自助餐店、中式自助餐店、日式自助餐店、中式速食店及西式速食店。

㈢小吃店業

凡從事便餐、麵食、點心等供應的行業都是屬於小吃店業，其中包括了燒臘店、點心店、豆漿店、餃子店、麵包店、山味餐店、野味飲食店、土雞城等。

㈣飲料店業

專門經營以茶、咖啡、冷飲、水果供應客人的行業都屬於飲料店業，例如茶藝館、冰果店、泡沫紅茶店、冷飲店等。

㈤餐盒業

餐盒業又稱便當業，係指供應盒餐的餐飲業者。依據行政院衛生署1991年，對便當業之評估報告，餐盒的主要供應對象是學生，尤其國中生，其次是工廠和機關員工和醫院的病人，且有90%以上的餐盒是在午間充當午餐，已有逐漸取代「媽媽愛心便當」之趨勢。便當的種類大致上有中式、西式、日式或混合式的便當應有盡有，價格亦尚屬合理，雖然曾經有報紙報導某市政府購買一個高達500元的便當來招待政府要員，但那畢竟是少數例外，一般市面上的便當價格以50元到100

元為最多，唯一的缺點是其品管及衛生參差不齊。若政府能落實餐盒業的GMP制度，消費者必定可以更安心享用便當。

二、服務方式的分類

餐飲業是屬於觀光業的一種，它亦是一種服務業，一般而言，依餐飲業的型態不同，其服務方式亦不同，服務比重愈重者，其消費金額亦較高。

餐廳服務的方式，在此先作扼要地說明：

(一)餐桌服務（Table Service）

這是最傳統的餐飲服務方式，經由服務人員帶領入座，客人就坐於餐桌前就可享受其餐食的服務，所有的食物、飲料及餐具均由服務人員代勞提供，這種服務的方式為多數餐廳所採用。它又可分為櫃檯服務及桌邊服務兩種：

1.櫃檯服務

客人通常是坐在U字型、長條型或其他形狀的櫃檯四周的椅子上接受餐廳人員的服務，習慣上是服務人員站在櫃檯內側，客人就座於櫃檯外側，只要有空位，任何人皆可以入座，有些餐廳在櫃檯內設置廚房，客人可以親眼看到廚師為他調製自己點的食物。這種服務方式的特色是客人可以因直接看到餐食及飲料的製作，比較放心，也比較易於刺激顧客的食欲，增加營業收入，這類餐廳比較常見的有日式涮涮鍋、鐵板燒餐廳等。

2.桌邊服務

客人一進來，由服務人員帶領到擺設固定餐桌的用餐區後，等候服務人員將餐飲送至桌上來享用。例如中式喜宴（辦桌）、法式服務、美式服務等均屬桌邊服務的一種。

㈡自助餐服務（Buffet Service）

自助餐，最早創始於美國大陸，是由一位叫John Kruger的美國人在芝加哥首創的餐廳，是一種「All you can eat！」的服務方式。客人進入餐廳之後，必須在餐檯前排隊，選取自己所需要的餐食，再自行將餐食端離餐檯到自己的座位上，這種服務方式，有的需先付款後再行把食物端離餐檯，有的餐廳則容許客人先行享用餐食後，再行買單。由於這種餐廳餐食的價格通常較為低廉，且不加收服務費，再加上餐食供應隨到隨取，迅速又方便，頗受一般消費大眾所喜愛。一般而言，以自助餐為號召來吸引顧客的原因有：

1. 可以自由選取自己所喜愛的食物。
2. 餐食供應迅速又方便，可免久候及點菜之麻煩。
3. 節省人力、降低成本，餐食價廉物美可回饋給客人。

㈢半自助服務

這種服務的方式是介於餐桌服務與自助服務之間，其服務方式是由服務人員親自將湯或是顧客所點選的主餐食或熱食端給客人，其餘的食物則由客人自行往餐食區取用。這種服務方式因為客人可以自由取用餐食陳列區的餐飲，因此，較受一般顧客的歡迎。目前在臺灣的這類餐廳中，以歐式自助餐廳最具代表。

㈣簡速餐廳服務（Cafeteria Service）

這種服務方式是指客人先進入配膳檯所在的地區，取托盤或餐盤從配膳檯上選取自己所要的食物，再依所選取的食物與數量分別計費，付款後即可將食物端離配膳檯，走到用膳區入座用餐。

㈤遊輪餐廳服務（Cruise Service）

指顧客在船上從事旅遊活動，在輪船上享用餐飲，並接受服務人員的服務，例如臺灣到琉球間的麗星山羊號遊輪上的餐飲服務。

㈥汽車餐飲服務（Drive-In Service）

指顧客在車中點餐並在車中接受餐飲的服務，例如麥當勞開闢有專為汽車駕駛人設置點餐的窗口，駕駛人不用下車即可在車上點餐享用餐食。

㈦客房餐飲服務（Room Service）

客人在飯店房間內依其點選的菜單備製餐食，再由飯店服務人員將餐食送至客人房間內供其享用。

㈧餐車服務（Wagon Service）

例如在火車或飛機上，由服務人員推著餐車販賣餐飲。

㈨外賣服務（Take-Out Service）

大都會地區，地價昂貴一地難求，因此，以外賣、外帶方式節省供餐時間，適合忙碌的上班族之生活需求，有的餐飲業者為加強顧客服務，還推出外送服務，例如外送披薩至顧客家中或辦公室。

㈩小吃攤服務（Refreshment Stands Service）

這種餐飲只有簡單的餐食及服務，並非合格的正式餐廳，是一種「物美價廉」的餐飲服務方式，但比較不重視服務的品質。

⑴托盤服務（Plate Service）

指將食物放在托盤中，由服務人員端送給用餐者享用，這種服務方式在醫院或飛機上較常見。

⑵自動販賣機服務（Vending Machine Service）

指藉由機器販賣一些簡單的餐食或飲料，純粹只是為滿足顧客之生理需求，實在談不上「服務」的品質。

⑶機關團體餐廳服務

這類餐廳最主要是為滿足單位裡員工的餐飲需求而設，例如醫院、學校或機關裡的員工福利餐廳等。[1]

第三節　餐飲服務品質管理的步驟

一、餐飲服務品質管理的基礎

要進行有效的餐飲服務品質管理，必須首先具備以下幾個基本條件，或者說是先應做好這幾項基本工作。

㈠必須確立餐飲服務品質標準

餐飲服務品質的標準，就是服務過程的標準。服務規程即是餐飲服務所應達到的規格、程序和標準。為了提高和保證服務品質，餐飲管理者應把服務規程視作工作人員應該遵守的準則，視作內部服務工作品質的法規。

餐飲服務品質標準，必須根據用餐客人的實際需求來確定。一般而言，凡是到飯店進餐的顧客，不管他日常生活水準的高低，但在餐廳用餐，就一定是高水準，就是為了享受，因此，對餐廳服務品質要求就高。當然，不同的顧客也是有些區別。西餐廳的服務品質標準更應適應歐美顧客的生活習慣。另外，還要考慮到餐飲市場的需求、餐廳的等級風格、國內外先進水準等因素的影響，再結合具體服務項目的目的、內容和服務過程，來制定出適合本餐廳的服務品質標準、規格和程序。

餐廳的工作種類很多，各崗位的服務內容和操作要求各不相同。為了便於檢查和控制服務品質，餐廳必須對零點、團體餐、宴會以及咖啡廳、酒吧等整個服務過程制定出迎賓、帶位、點菜、上菜、酒水服務

[1] 林玥秀等（2000），《餐館與旅館管理》，國立空中大學，pp.29～31。

等全套的服務品質標準和服務程序。

制定服務品質標準時，首先確定服務的環節程序，再確定每個環節服務人員的動作、語言、姿態、時間要求、用具、手續、意外處理、臨時要求等。每套規程在首尾處，有和上套服務過程以及下套服務過程相聯繫、銜接的規定。

在制定服務品質標準時，不要照一般其他飯店或餐廳的服務內容，而應在廣泛吸收國內外先進品質管理經驗、接待方式的基礎上，緊密結合本餐廳大多數顧客的飲食習慣的本地的風味特點，推出全新的服務品質標準和規範。

管理人員的任務，主要是執行和控制品質標準，看是否按制定的規範運行，特別要注意抓好各個服務過程之間的薄弱環節。一定要用服務規程來統一各項服務工作，從而使之達到服務品質的標準化和高水準，贏得顧客的滿意。

㈡必須蒐集和利用服務品質訊息

餐飲服務是一個動態的工作過程，每時每刻都在發生變化。餐廳管理人員必須隨時掌握服務的品質結果，即顧客是否滿意，從而及時採取改進服務、提高服務品質的措施。

要想做到這一點，就應該根據餐飲服務品質的目標和服務規範，透過巡視、定量抽查、統計報表、聽取顧客意見等方式來蒐集服務品質訊息，並對這些訊息經過認真分析，總結其優點和不足，以便作為服務品質改進和提高服務品質的依據，制定相應的措施。

㈢必須重視餐廳服務員工的培訓

餐飲企業之間服務品質的競爭主要是人才的競爭、員工素質的競爭。很難想像，沒有經過良好訓練的員工能有高品質的服務。因此，服務員工必須進行嚴格的基本功力訓練和全面的業務知識與技能培訓，絕不允許未經職業技術培訓、沒有取得一定資格的服務人員上線操作。

在職員工雖經過了一定水準的培訓，但也必須利用淡季和空閒時間進行繼續培訓，以使業務水準和素質不斷提升，保證餐飲服務品質水準也在不斷提高。

二、確定餐飲服務品質水準與標準

(一)確立餐飲服務品質水準

顧客滿意度的高低，取決於餐飲服務水準的程度，也就是說，一定的餐飲服務品質水準是使顧客滿意的起碼要求。

然而，確立餐飲服務品質水準就必須以了解顧客對餐飲服務產品的需求和期望為基礎，並從質與量兩個方面，研究顧客需求中「滿足」兩字的根本涵義。不同的顧客對餐飲服務產品的品質水準有不同的需要，有的認為舒適最重要，而便利、安全是基礎。因此，餐飲產品中包括的諸多直接和間接產品內容必須達到品質與數量的最佳組合，而這就是餐飲經營者與管理者掌握顧客的消費模式，即了解顧客如何評價餐飲產品的適宜程序，認真分析和選擇餐飲經營的市場目標，根據目標市場的特點和需求設立相應的服務內容，制定相應的標準規格，配備相應人員和設備設施，從而組成相應的服務提供系統。

一般來說，餐廳確立服務水準包括以下內容：

1. 按照餐飲管理者對顧客需求的認識提出服務品質水準目標。
2. 制定各項服務品質標準和操作規程，使服務提供系統在實際運轉中達到預期的水準目標。
3. 根據自己的服務內容之特色，透過廣告宣傳和各種媒介途徑使顧客適應現有水準。
4. 透過顧客消費訊息的回饋，不斷修正服務水準目標和改善服務提供系統，使服務水準達到完全適合顧客需求與滿意的程序。（圖8-1）

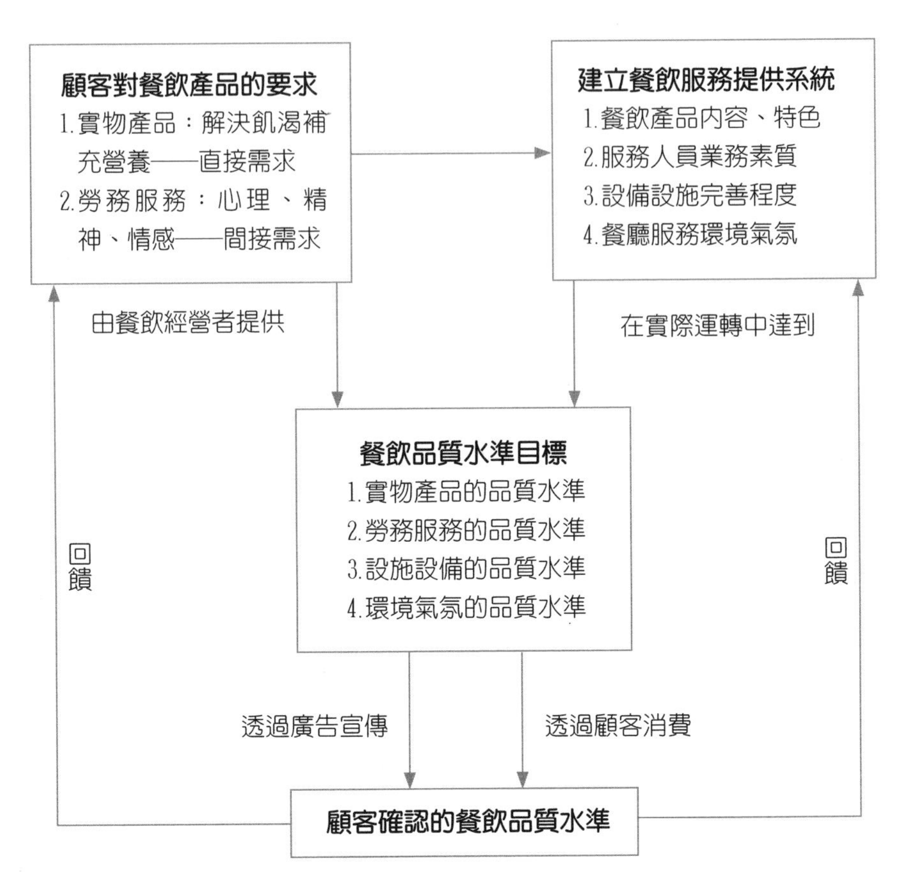

圖8-1　確立服務品質水準過程

資料來源：趙建民（2002），《餐飲品質管理》，揚智文化公司，p.249。

因為餐飲服務品質是餐飲產品必不可少的組成部分，當實物產品（菜餚、點心等）達到一定的、相對穩定的品質水準之後，只有提高服務品質才可以提高顧客對餐飲產品總體品質的評價。

由於餐飲產品價值的實現，有賴於顧客的消費購買，而顧客必須以價格來衡量餐飲產品品質的總體水準，因此服務品質水準與價格必須合理結合。

所謂合理，指服務水準與價格相符，既使顧客感到實惠或值得，又使企業有合理的盈利。在一般情況下，顧客總希望以盡可能少的花費或在一定的價格水準上享受盡可能高的服務水準，而餐廳則希望以盡可能高的價格提供高品質的服務水準。

解決這一問題的方法之一是提高餐飲產品的服務（指無形部分，也就是外圍價值）品質水準。實踐證明，在某種意義上講，餐飲產品的品質水準差異一般都是產品外圍品質的差異，是由那些對顧客精神、心理產生作用的服務細節的品質，即餐飲產品外圍品質的差異所造成。

由於改進服務細節、提高外圍品質不需要較多的成本投入，因而許多餐飲企業對此忽視並產生錯覺，一味地把提高外圍品質的著眼點放在設施改造和設備更新，結果得不償失。由於投入成本較高，價格直線上升，顧客對菜餚品質和服務品質卻並沒有發現有多少提高，因而造成了質價不相適應的狀況。所以，只要有意識地改進那些貌似細微、花費不大的服務細節，以提高餐飲產品的外圍品質，便能成功地將服務水準提高，從而滿足顧客追求高水準餐飲品質的需求，餐飲產品的價格也可隨之上升到一定的適宜程度。

㈡制定餐飲服務品質標準

餐飲服務品質標準是服務員工必須遵守的準則。餐飲服務品質標準應涵蓋餐廳服務品質內容的各個方面，諸如著裝儀容標準、服務態度標準、禮節禮貌標準、語言行為標準、時間品質標準、衛生安全標準，各單位操作標準及標準操作規範等。餐廳服務標準和標準操作規範包括迎賓入座、接受點菜、上菜、餐桌服務、酒水服務、結帳服務以及送客的全過程。服務員工用標準規範自己對顧客的服務品質，管理者用標準督導服務員工的服務品質，從而確保餐飲服務品質的提高。[2]

---

[2] 趙建民（2002），《餐飲品質管理》，揚智文化公司，pp.246～251。

三、各類型餐飲業的定位與目標市場

本文不採分類方式來介紹餐飲業，而鎖定市場上較受青睞的餐飲型態，分成中式餐飲業、西式餐飲業、速食業、咖啡店業、日本料理業、蒙古烤肉業、火鍋店業等，來探討其定位與目標市場。

㈠中式餐飲業

中式餐飲即中國料理，因為中國幅員廣闊，各地口味差異頗大，並各自形成獨特的餐飲特色，較知名的臺菜、川菜、廣東菜、江浙菜、湖南菜、上海菜、京揚點心等，均屬於中式餐飲。

由於傳統中式餐飲採合菜方式，一道一道慢慢上菜，對於小孩子較缺乏吸引力，不過其他各年齡層都可算是中式餐飲的消費群。而近來有所謂「中菜西吃」，意圖將中式餐飲加以變革，以吸引年輕一代的青睞。

㈡西式餐飲業

在臺灣，歐美各國料理均統稱為西式餐飲，不過因各國菜色和服務的差異，有將近五、六種分類，比較知名的有法國料理、義大利料理、美國料理等；英國料理、瑞士料理及德國料理則居少數，尤其最近流行的義大利麵及加州菜可見一斑。

國人接受西餐的人口中，仍以中、壯、青客層為主，未來不妨可針對特殊消費需求（如保健）市場、老年人及兒童客層加以開發，其中西餐本土化或推出兒童餐、親子餐等，都是可行的方式。

㈢速食業

速食業的定位，在於便利性及快速服務，讓消費者可以不必排隊等候很久，就可以迅速取得餐食。

早年速食業的發展，純粹是工商社會下的產物。1955年美國麥當勞的崛起，主要針對一般上班族，因為麥當勞體認到這些上班族希望能到一個不用排隊苦等的餐廳，趕快取得餐食來解決午餐或晚餐的用餐需求。

我國速食業於民國七十三年麥當勞進駐臺灣，才進入蓬勃發展期。其後至民國七十五年間，美國肯德基、溫娣、當肯甜甜圈、哈帝漢堡、必勝客比薩、德州炸雞、日本明治漢堡、儂特利漢堡、法式扶利泰漢堡等跨國速食連鎖業也紛紛來臺，加上國人仿照西式速食自資開發的頂呱呱炸雞、三商巧福、香雞城、漢華美食等中式速食，儼然成為外食市場的主力，但速食業近年由於空前競爭加上租金、食材、人力成本高漲，不少連鎖業已黯然退出市場。

一般來說，速食業主要目標市場大都鎖定兒童、青少年，次要目標市場則為有小孩的年輕夫婦家庭、上班族。雖然各速食業者所區隔的目標市場比重略有不同，但大概不出年齡三、四歲到四十歲之間。其中比較特殊的日本吉野家，純粹訴求上班族。

㈣咖啡店業

咖啡店最早始於西元1645年在義大利威尼斯出現的Coffee House（咖啡屋），因為威尼斯商人從中東學到喝咖啡的習慣。這種喝咖啡的風氣逐漸蔓延到歐洲各國，咖啡屋成了各地知識份子或上流人士聚會的地方。

本來咖啡屋單純只賣咖啡飲料，隨著競爭的加劇，咖啡屋的裝潢水準漸漸提高，也開始供應點心，不久又增加供應餐點。

我國的咖啡店業沿襲自歐美，也是訴求中上階層的上班族或新社區家庭，因其對於咖啡飲料的接受度較高。而且大多數的咖啡店並針對上班族用餐的特性，供應簡便的早餐、午餐及晚餐。近年美式、義式咖啡蔚為話題，加上本土及日式咖啡連鎖業者攻城掠地，市場熱絡可謂空前。

㈤日本料理業

日本料理顧名思義，即為日式料理。由於臺灣曾被日本統治長達五十年，自然培養了一群對日本料理的愛好者，所以日本料理的目標市場主要為中、壯年客層、在臺日商及日本機構的職員和其家庭。不過像上閣屋的自助式餐廳，漸漸吸引年輕客層的消費。

㈥蒙古烤肉業

蒙古烤肉的由來是，當年成吉思汗因為活動所在為沙漠地帶，過著的是游牧生活，即走到那裡、戰到那裡、吃到那裡。其時成吉思汗統領部隊，每位士兵手上一定有兩樣兵器：一為圓形盾，二是矛，當獵到動物時，就以三支矛架起圓盾，儼然就是一付炒鍋，蒙古烤肉因此而流傳下來。

臺灣的蒙古烤肉從大陸引進而來，民國五十五年左右首先出現在臺北螢橋下，業者以搭帳棚類似蒙古包的方式出現。

蒙古烤肉顧名思義以肉類為主食，搭配蔬菜等副食，佐以酒、醬油等調味料，採自助式，隨顧客的意願自由取用食材，還可滿足顧客自己調味的樂趣，整個進食過程豪放、自由，可說是一種很有趣的餐飲方式，趣味性大於口感。此外，許多蒙古烤肉店並提供西式自助餐的沙拉吧，並採吃飽為止方式經營，增加餐食的豐富感。

由於蒙古烤肉的進食方式饒富趣味，對於兒童、青少年甚具吸引力，但因為所費不貲，所以目標市場鎖定有小孩的家庭客層、商務應酬、中上階層的客層。

㈦火鍋店業

臺灣火鍋市場於民國七十年左右，開始被塑造成獨特的料理，由韓香村率先揭竿而起，使用高級料理，將火鍋店定位在高價位，目標市場為頂級消費者。歷經十餘年來的市場變化，由於同業的競爭，目標市場漸往下滑，而為中上消費階層。

火鍋店業近幾年來，因為同行的競爭激烈，出現了一價吃到飽、低價位及鴛鴦鍋、麻辣鍋、涮涮鍋、豆腐鍋等的經營方式，目標市場區隔為一般消費大眾。

第四節　顧客滿意的服務手法

長久以來餐飲業的業主及專家學者，一直不斷地試圖尋求一個問題的解答，即：如何提供餐飲顧客滿意的服務手法？

一般而言，餐廳的硬體設備是可以相互模仿的，但是影響餐廳營運最重要的關鍵所在——「人」，卻是無法原封不動搬過去。「人」，無論是提供服務的人或是被人服務的顧客，都在這用餐流程中扮演舉足輕重的角色。他們之間的行動（Act）、反應（React），甚至相互間的互動（Interact），對於服務品質的好壞產生重大的影響，首先來了解消費者的需求與趨勢，是一個重要的關鍵。

一、消費需求與趨勢

(一)消費需求的變遷

臺灣的經濟奇蹟，在無形中早已影響人們的生活步調，對於夙來懂得享受美食的國人而言，除了講求食物本身的品質外，進餐氣氛及情趣也日漸受到重視。趣味化的主題式餐廳，已然成為目前時下流行的趨勢。而趨勢的主導，是以消費者消費行為作為指南。

十年前尚沒有人敢在旅館裡開設趣味化的主題式餐廳，而目前許多國際連鎖旅館裡卻都可找到它們的芳蹤，並且大受歡迎。例如喜來登旅館（Sheraton hotel）在亞洲地區便有一家Some Place Else餐廳，其美式裝潢、躍動的音符、開放式酒吧、水果沙拉吧、異國風味菜單等；整體而言，其風格非常接近T. G. I. FRIDAY'S餐廳。

其實無論餐廳經營型態如何改變，人們到餐廳用餐的主要動機還是「吃」，問題是除了滿足口腹之欲外，顧客還想獲得些什麼？而這個所謂的「什麼」，往往也就是服務品質好與壞的評斷重點。

除了美味的食物之外，價格、氣氛、服務也都成為顧客評斷滿意與否的重要考量因素，這些因素的重要性，有時更甚於食物本身。

㈡顧客用餐經驗

影響顧客用餐經驗的因素有：1.食物品質（Product quality）、2.價格（Price）、3.用餐環境與氣氛（Surroundings）、4.服務（Service）。

整體而言，這四個因素並不會因餐廳經營的方式、型態的不同而有所改變。因為對顧客來說，他們期望每次的用餐經驗，都是在菜色質感佳、價格物超所值且氣氛高雅的餐廳，而服務更是在整個用餐過程中扮演著舉足輕重的角色。

1.食物品質（Product quality）

無論顧客從事何種購買行為，都會事前檢視該標的物的品質是否符合要求，才決定購買與否。

在餐廳裡，顧客自然不願意看到青菜又老又爛，甚至沒挑洗乾淨，或是牛排太老，更不願有類似酒酸掉、菜餚味道過鹹或過淡的狀況發生。因此食物本身的質感，常是顧客評斷用餐經驗好壞的第一步，通常顧客也不會吝於給予最直接的肯定和評價。

2.價格（Price）

務必注意，應將價格因素與食物品質一起考量。在顧客消費行為過程中，必須讓顧客的錢花得有價值才行，甚至是花最少的錢，買到最好的東西，這就是為什麼近年來「吃到飽」餐廳大行其道的主要原因。

3.用餐環境與氣氛（Surroundings）

大部分的用餐場所都盡可能塑造成一個愉快舒適的用餐空間，有些餐廳更是不惜投下巨資於外觀設計、裝潢格調、用色搭配、打光技巧、情調氣氛的營造以及一氣呵成的整體感，這是新餐廳在籌備時，最大的一筆單項費用。而這些硬體設施如果沒有透過服務軟體的相互影響（Interaction），則無法達成整體效果。

4.服務（Service）

事實上，顧客訴怨事件的緣由，大都是因為服務不佳所引起。由於服務所涵蓋的範圍太廣，致使餐廳的經理人無法真正地對症下藥，匡正缺失。例如：顧客抱怨服務不好，指的可能是等待的時間太長或服務怠慢；或許是因為服務人員不夠友善所引起的。為了要評斷服務的好壞，首先必須先了解顧客真正所需要的服務是什麼。

㈢服務的兩個層面

1.服務的流程（Procedure）

服務的第一個層面，是服務的流程，包括商品銷售過程中的系統及技巧手法，同時也關係著廚房內場與餐廳外場之間的溝通。它同時也是提供顧客對商品需求及要求能相互契合的手法。而服務應包括必要的監督，以維繫這些系統的順暢。

雖說服務的流程與商品的傳遞（Delivery）有相當大的關聯性，然而時機（Timing）也是重要的關鍵。時機指的是時間拿捏的準確性，以及顧客用餐進行的時段，例如：顧客點菜的時機、何時該添加茶水、何時提供其他的消費建議、何時送上帳單等事情。所以時機選擇，也是極為重要的一項服務技巧。

2.服務人員的個性（Personality）

服務的另一個層面，是指服務人員的個性，包括行為舉止、態度、說話技巧、與其他工作同仁間及顧客間的相互影響。事實上，一位靈巧的服務人員會知道顧客眼前的需求是什麼，這也同時反應出顧客除了期待食物品質外，同時也期盼以合理的花費，獲得額外的服務，例如：服務人員的稱讚、感覺備受尊重、社交活動、享受舒適輕鬆以及沈醉於大受歡迎的愉悅情境。

服務人員對顧客提供服務，必須是發自內心的誠心誠意。這種感受可從服務人員友善的態度、謙恭有禮，以及是否投入工作等小節看出來，如向顧客致謝時的表情、促銷商品時的自信心、使用有效的銷售技巧，或是盡量滿足顧客提出的特別要求等等。換句話說，服務人員必須具備機靈的個性。

顧客的需求雖然千奇百種，但期望被重視、被尊重的心理則一樣。如果服務人員確實具備服務精神，則領檯工作不只是帶位，而是在顧客等待的同時，對顧客表現出熱心積極的態度，如事前介紹名菜或是請顧客先到吧臺等候；又如服務人員應在進行服務的同時，口頭感謝顧客的等候並致歉意，以期建立用餐前融洽的氣氛。而對於顧客的詢問、疑問或酒品菜色的建議，更應詳加說明。因為餐廳不應只是重視食物品質，更應注重顧客關係的建立。

事實上，服務流程是一種為達到餐飲服務的制式規則，這僅僅是商品在傳遞給顧客時的一種過程及手段而已。餐飲業最大的特色，在於加入人的因素，人與人接觸所激盪出的交互影響，如果排除機靈的個性，只會讓顧客感覺到「空洞」的服務。

然而，顧客往往無法確切指出服務的缺失，也不曾要求改善。如此造成惡性循環，客源日漸流失，經營者因無法掌握實情，而無從改進服務品質。

未來餐飲業的服務重點將是：不管在任何情況下，服務人員的行為舉止一定要符合服務品質的標準。許多餐飲從業人員無法完全領會，什麼是顧客滿意的服務，雖說他們大都受過服務流程的訓練，但這僅是服務的一部分而已，尚需現場的督導、顧客的反應以及評估系統（Performance evaluation system），才能將顧客服務發揮到盡善盡美的境界。

二、服務系統的建立

(一)服務流程的七個要件

一家餐廳服務流程的好與壞，可由以下七個要件來看：1.服務動線、2.適時服務、3.順應性、4.投入性、5.溝通性、6.顧客反應、7.組織與督導，以上七個要件彼此關聯，並互相影響。

1.服務動線

在繁忙的餐廳裡，想要維持營運的操控自如，必先力求服務動線的順暢。服務人員仰賴餐廳所建立的服務動線，使其傳遞商品及進行服務時，能得心應手。服務動線一般由數個小系統所組合起來，不會因餐廳規模的大小而有所區分，而每個小系統都是一個重要的關卡。

一般而言，廚房、餐廳、接待櫃檯、吧臺及酒廊等各自的活動範圍，必須先有一個順暢的工作系統後，才能相互結合成為整體的服務動線。因為廚房設計不良，立刻會影響到外場的作業，甚至會對接待櫃檯、酒吧等候的客人，造成直接的影響。

因此，只要任何一個環節出了狀況，無法均衡調適工作量的話，其結果會立即影響客人所獲得的服務品質。

顧客上門的流量（Customer traffic），也是影響整個服務動線的重要因素。在同一時間內，如果有大量的顧客或點酒品、或點主菜、或點甜點時，必定造成點單上的「交通壅塞」。不僅同時間繁忙的業務，是造成服務動線無法接續的一個要因，其他如不切實際的員工排班表、設備機件的故障、缺貨待料、不熟練的員工以及其他突發始料未及的事情，都有可能造成餐廳動線的滯礙不順暢。

服務人員穿梭於顧客間的服務動線上，最可以掌控其間隔的時機。例如利用服務臺（Station），作為與各桌顧客接觸的各個相關據點的中繼站，並增加服務臺與各桌顧客間的服務動線。

如此，服務人員在同時間內服務五桌顧客時，就不會有同時點酒、同時點菜或同時上菜的情形發生。如若不然，五桌顧客同時間進行相同的動作時，對廚房、對顧客而言，都會造成長時間的等待，並會影響到餐廳其他的營運。

2.適時服務（Timeliness）

在事前規劃顧客的需求後，服務人員便可仔細地控制顧客用餐的時機，如何時上菜、何時用飲料，也可以控制顧客何時要離開，服務人員甚至可以協助建議顧客的點菜以及花費。

服務顧客的範圍很廣，適時的服務必須要能迎合顧客的心情、情境與場合。有些顧客點菜很急，也有些顧客只要一個閒適的用餐場所。而服務人員的功能，就是要能適時迎合顧客的需求。

直接而且循序漸進的服務動線，便是一種適時服務。當提到適時服務的時候，同時也要求「準時性」。所謂準時性，應特別重視與顧客初次接觸的當時，接待人員千萬不能怠慢迎面而來的顧客，以免讓其留下不好的印象。

服務人員即使手邊正忙著其他的事情，仍然要對剛入座的顧客打招呼，甚至說聲：「您好，請先入座，我會馬上過來為您服務！」或是友善地微笑點頭，都可表現出服務員對顧客的關注。

3.順應性（Accommodation）

服務順應性是指應順應各種顧客的需求，使其能有更廣泛的空間去應對，而不是要求顧客來順應餐廳的政策和流程。例如順應同桌吃飯的顧客，每人要求一張發票，又如同意菜單的菜色可替換。

服務的順應性是針對顧客需求為主，而非要求顧客順應餐廳的制度。順應性實際上是表示餐廳同意給予顧客需求更大的活動空間。如果服務人員不具備此特質，喜歡照章行事的話，則不適合從事餐飲業。

4.投入性（Anticipation）

適時服務及順應性，都得倚賴服務人員有效的投入工作。投入性是指服務人員不但要搶先在顧客想到之前提供服務，而且還要搶先一步於一般的服務流程。服務人員如果能提供服務於顧客想到之前，這便是服務品質的極致。

如一家人帶小孩至餐廳用餐，無需等到顧客要求兒童椅（High-chair）、或多給些紙巾、或進餐碰掉餐具的遞補、或用剩菜餚的提供打包服務，以及咖啡續杯等服務。這些都是輕而易舉的動作，服務人員應主動上前提供。

餐廳服務人員可以提供顧客多種的服務，但最重要的是，所提供的服務必須也是顧客想要的服務。服務的投入並不會影響原有的服務動線，反而會加深顧客用餐經驗裡正面的意義。

5.溝通性（Communication）

服務人員如果無法有效地和餐廳其他部分營業點溝通的話，那麼一定會造成對顧客服務投入性的困難度。所謂有效的溝通，是指訊息傳遞的準確性、正確性以及完整性。

一般來說，斷章取義、誤解、錯誤都會造成服務的缺失。換句話說，有效的溝通易於讓人於明瞭後，自然而然地依照原有的制度及流程來運作，而不致產生差錯或閃失。

6.顧客反應（Reaction）

根據一項調查統計發現，僅有10%的客人會提出抱怨服務不周之處，如果抱怨得到合理的解釋或處理後，這些顧客會對自己周遭的五位親友說明他們的境遇，但顧客仍會再光臨。反觀剩下的90%未提出抱怨的顧客，可能在付錢離開餐廳之後，會分別告訴至少十位親友，並且以否定語氣強調不會再上門光臨。

因此，無論顧客提出正面或負面的反應，服務人員都必須以誠懇的心、專注的態度，來處理顧客的反應，這也是身為餐廳經理的職責所在。

7.組織與督導（Direction）

一個有效率的餐廳經營，各環節要能相互合作、協調、整合，才能組成一個有效率的完整系統。餐廳內各個系統無法各自為政，必須要有一致性的督導。服務人員必須透過訓練以及有效的督導，如此顧客才能明顯感受到整個餐廳的服務品質。

㈡發自內心的服務態度

服務人員的言行舉止，關係著服務品質的好壞。經由語言的傳遞，可以使顧客感受到服務人員的服務熱忱。因此應盡量避免在顧客面前討論個人工作上的不滿，或抱怨餐廳的制度，顧客並不會因此而同情你，反而會對你及整個餐廳產生不好的印象。服務人員需切記：顧客上餐廳是來排遣他們工作上的疲累，獲得慰藉，而非接受壓力。

服務人員在服勤時的態度，必須將熱忱、關懷及服務技能表現在服務流程裡。服務人員對顧客的關心，可從服務的效率以及流程方面上看出。愈有效率的餐廳，表示對顧客滿意度考慮得愈周詳，這是表達關心的第一步。

關心是回應顧客需求的一種感覺的技巧，其重要性遠超過準確性、接待客人入座及投入工作等要件，亦即將服務顧客視為「人性化」的工作。而這需要服務人員能「透視」顧客需求，並且建立雙方之間良好的互動關係。關心包括同情、了解顧客的感受及希望。顧客上門用餐抱著不同的期望時，唯有具關心特質的服務人員，才能滿足顧客多樣化的需求。

「透視」顧客需求，意謂對顧客語言上或非語言上的暗示都能很敏感地察覺到，下面是六種一般常見非語言的暗示：

1.顧客的年齡層

⑴幼兒需要多些紙巾、小一點的茶杯、兒童椅、易於咀嚼的食物，或一些活動、玩具讓幼兒能自得其樂。

⑵年輕人喜歡一些比較便宜且特殊的菜色，希望用餐氣氛比較輕鬆不受拘束。

⑶中年人較適合中規中矩的服務方式。

⑷年長者喜愛份量較少、口味清淡且經濟實惠的菜色。

2.顧客的服飾

⑴著休閒裝扮的顧客，通常希望用餐氣氛較為自然不受拘束，享受輕鬆愉快的美好時光。

⑵著上班服飾者，在用午餐時，服務應盡可能的不耽誤其時間。

⑶著正式禮服者，意謂這是一個特殊日子，因此服務人員可針對慶賀的主題推薦餐點。

3.團體組合

⑴找出該團體組合的份子為何？他們所代表的是哪一個團體？針對各團體的特性提供適切的服務。

⑵同性別的團體，通常會要求符合該團體性質的一種非公式化的服務。

⑶家庭成員團體必須尊重長者，同時注意兒童的需求。

⑷商務性質團體必須提供謙虛、有效率的服務。

4.肢體語言

⑴顧客若是雙手交叉於胸前或是面部表情抽動，則表示不耐煩等待。

⑵顧客若是四下環顧，則表示需要服務。

⑶顧客若是合上菜單，則表示準備好點菜了。

5.言語表達

⑴顧客若是對某項專業知識極具自信且滔滔不絕時，不要忘了必須給

予讚美。

(2)顧客若是不擅於言語表達，則必須表示出極度耐心、尊重與了解。

(3)若是新顧客，則必須給予特別的協助與建議，讓其感到安心。

6.說話語調

從顧客說話的語調，可明瞭他們是以何種心情來用餐，是閒散輕鬆的，或是時間緊迫的，服務人員必須注意傾聽他們說話的內容，以及他們如何用字遣詞。

有效的銷售，通常必須具備與顧客良好的互動關係。這種買賣之間的互動關係，對餐廳而言，即是服務人員與顧客關係的建立。因此，服務人員必須投入某種程度，才能清楚明瞭顧客的需求是什麼。

所謂有效的銷售，要能尊重顧客，具備機智、體貼以及關心顧客，而這些都必須藉由一種發自內心的服務態度，才能完成。

(三)顧客滿意的服務態度準則

上述所提及之顧客滿意的服務手法標準，提供餐飲業一個概括性的分析與評估架構，此結構可適用於速食業、咖啡店、自助餐廳或是餐桌服務的餐廳。以下再列舉九個服務態度的準則供參考。

1.行為舉止：友善對待顧客，舉止文雅。

2.肢體語言：表現正面的肢體語言。

3.說話語氣：親切和藹。

4.機智反應：有效的雙向溝通。

5.稱呼顧客姓名：不忘尊稱。

6.關心顧客需求：發自內心的關心。

7.幫助並指引顧客點菜：充分了解美的特色。

8.推薦菜色：能做充分的說明。

9.解決顧客的問題：要能給顧客滿意的答覆。

服務流程與技術系統的結合，事實上是一種將商品及服務傳遞給顧客的再現方式。而服務態度可以反應服務人員對於「人性化」的服務方式的能力。

三、評估與改善

(一)服務品質標準的設定

表8-1中所列舉的服務流程標準與服務態度，可作為各項職務評估等級的工作底稿。明訂出各級標準，再進一步導入服務中，並可由觀察出來的重要指標數，作為標準的評斷。

表8-1　服務品質標準設定的評估等級

做法：依照現有的餐廳經營型態，給予下列兩類不同服務品質標準的評分。
評分：1表示最重要，2表示重要，以下類推。

餐廳名稱、職務或活動____________________

■服務流程的層面	■服務態度的層面
____順應性	____態度
____投入性	____稱呼顧客姓名
____時機性	____關心
____動線順暢	____指引顧客點菜
____雙向溝通	____說話語氣
____顧客反應	____推薦菜色
____現場督導	____肢體語言
	____機智反應
	____解決顧客的問題

資料來源：經濟部商業司，《餐飲業經營管理實務》，p.116。

(二)服務品質的指標

若要改善服務品質，就必須事先清楚描繪出所希望服務人員之行為表現的模式，然後才能夠據以去評斷他們的表現。表8-2所列為各項服務品質標準的重要指標例子。

表8-2　服務品質標準的重要指標

服務品質標準	重要指標例子
服務常是時機性	1.顧客進入餐廳坐下後，服務人員在6秒內趨前致意。 2.西餐服務沙拉用完後，4～5分鐘內便上主菜。
服務動線順暢	1.領檯人員帶位時的權宜之計。 2.在餐廳內每個服務區的服務環節先後進度不同。
制度可順應顧客的需求	1.菜單可替換及合併點菜。 2.顧客要求的事項，近九成是可以實現的。
預期顧客的需求	1.主動替顧客添加飲料。 2.主動替幼兒提供兒童椅。
與顧客及服務同仁做有效的雙向溝通	1.每道菜都是顧客所點的菜。 2.服務人員彼此間相互支援。
尋求顧客反應及意見	1.服務人員至少問候一次用餐團體菜色或服務的意見。 2.服務人員將顧客意見轉述給經理人。
服務流程的督導	1.每個服務樓面有一位主管現場督導。 2.現場主管至少與每桌顧客接觸問候一次。
服務人員表現出正面的服務態度	1.服務人員臉上常掛著微笑。 2.服務人員百分之百友善對待顧客。
服務人員表現出正面的肢體語言	1.與顧客交談時，必須雙眼正視對方。 2.服務人員的雙手盡可能遠離顧客的臉部。
服務人員是發自內心來關心顧客	1.每天至少有10位顧客提及服務良好。 2.顧客指定服務人員。
服務人員做有效的菜色推薦	服務人員對每桌的顧客所點每道菜的特色能做正確的說明。
服務人員是優良的業務代表	除主菜之外，建議再點一道菜（例如飯後甜點、飯後酒、開胃菜）。
服務人員說話語調非常的友善、親切	主管認為服務人員的說話語調是滿分的。
服務人員使用適時合宜的語言	使用正確的語法，避免用俚語。
稱呼顧客的名字	顧客用餐中，至少稱呼其名一次。
對於顧客抱怨處理得當	所有抱怨的顧客都可以得到滿意的解決。

資料來源：經濟部商業司，《餐飲業經營管理》，p.117。

當完成上述之工作底稿後，接著應對每一種職務的服務標準給予等級排序，並針對每種標準列出一種以上可觀察到的重要指標。

一旦獲得上述的服務標準及其相關性的指標後，接下來則與現今經營管理與標準，予以對照考量其是否契合。如果能更清楚地強調所要求的服務標準，員工將更能有效地提供所期望的服務水準。

因此，為了清楚畫分出什麼是明確可計算的指標，什麼是無法計算的指標，表8-3詳盡加以列出，以比較兩者的差異性。

表8-3　可計算及無法計算的服務指標比較

可計算的指標	無法計算的指標
1.主動替顧客添茶水或其他飲料。	1.服務人員先行一步提供服務。
2.新到顧客入座後6秒內，服務人員即趨前打招呼，1分鐘內幫顧客點菜。	2.服務人員掌控服務範圍得宜。
3.帶位時與顧客溝通。	3.領檯對待顧客和藹可親。
4.每桌至少多賣一道菜。	4.服務人員示範推薦銷售的技巧。
5.酒吧服務人員口頭上相互間支援。	5.酒吧服務人員有良好的團隊精神。
6.當班時，必須持續與每桌顧客保持招呼。	6.服務人員精力充沛。
7.出菜後1分鐘內及時上菜。	7.服務人員的腳程很迅速。
8.每晚至少有10位顧客給予肯定的意見。	8.顧客自得其樂。
9.頭髮梳理整齊，指甲乾淨，制服整潔熨平，儀容乾淨。	9.服務人員穿戴整齊乾淨。
10.經理人親自傾聽並回答顧客的訊息。	10.傾聽顧客訴求。

資料來源：經濟部商業司，《餐飲業經營管理》，p.117。

㈢服務評估

在進行服務評估前，得先釐清現行提供給客人的服務為何？如何去衡量？

因此，亦即找出現行的服務準則，並指出現行服務標準的強勢及弱勢點，藉此反應問題的癥結所在，同時也可比較出提供客人服務現行標準與理想期望值之間的差距。尤其身為餐飲業經理人或業主，必須將服務的一般觀念，轉換成為具體的服務手法，並加以排序其重要性。

表8-4所討論的服務評估，是依據「走動式管理」而來，以鼓勵餐廳的經理人能確切投身服務流程中，體認營運管理的運作情形。進行服務評估時，必須具備兩個基本條件：

1.記錄偶發頻率的指標級數。

2.記錄觀察行為的頻率。

表8-4　服務評估範例

服務動線的整合	投入性
1.每桌服務流程的步驟不同。 2.服務人員服務步調大方穩重。 3.廚房或吧臺準時遞送商品。 4.顧客於特定時間內獲得服務。	1.當顧客杯中尚餘四分之一的飲料時，就已準備再多加飲料。 2.隨時可提供確切的東西或設備。 3.顧客無需要求任何種類的服務，服務人員已自動提供。
時機性	**微笑的肢體語言**
1.當顧客入座後6秒內，即有服務人員趨身向前招呼。 2.顧客點酒後3分鐘內即可送上。 3.主菜於沙拉用畢後3分鐘內上菜。 4.於最後一道菜收拾完畢後，3分鐘內給帳單。 5.顧客用餐完畢離席後，桌面重新擺設，於1分鐘內完成。	1.全體服務人員符合工作時的服裝儀容標準。 2.全體服務人員面帶微笑。 3.舉止行為文雅、平穩、收斂、有精神。 4.在顧客面前不抽菸、不嚼口香糖。 5.與顧客交談時，雙眼注視對方。 6.手臂動作收斂。 7.臉部表情適當。
順應性	**友善的語調**
1.菜色可順應顧客要求而調整。 2.將特殊顧客的要求轉達給經理。 3.順應行動不便顧客的要求。 4.特殊節慶的認定及處理。	服務人員說話語氣隨時保持精神充沛及熱忱。 1.剛開始當班時 2.當班期間 3.快下班時
督導	**顧客反應**
1.餐廳樓面隨時可見一位經理於現場督導。 2.經理親自處理顧客抱怨問題。 3.經理當班時徵詢用餐顧客的意見。	1.上菜後2分鐘內詢問顧客意見。 2.要求顧客於用餐完畢後給予評語。

雙向溝通	肯定的態度
1.服務人員填寫菜單時，字跡清晰、整齊，使用正確的簡寫。 2.服務人員說話語氣清楚。 3.服務人員具備傾聽技巧。	1.服務人員完全地表現出愉悅及協調性。 2.服務人員完全地表現出高度服務熱忱。 3.服務人員樂於工作。 4.服務人員相互合作無間。
有效的銷售技巧	**機智的用字**
1.服務人員有效的推薦菜色，使得顧客充分了解商品特色。 2.推薦某樣菜色時，服務人員可以說出其特色及其優點。	1.遣辭用字正確。 2.使用正確的文法。 3.服務人員之間避免使用俚語。 4.服務人員之間避免摩擦。
稱呼客人的名字	**圓滑的解決問題**
1.稱呼常客的名字。 2.假如以某人登記訂位時，一律尊稱所屬之某團體。 3.顧客使用信用卡結帳後，一律稱呼顧客的名字。	1.抱怨的顧客在離開餐廳時，問題都能圓滿的解決。 2.經理親自與抱怨的顧客洽談。 3.能針對顧客所提出的問題來解決。
關心	**備註**
1.關心每桌顧客的不同需求。 2.關心年長顧客的需求。 3.尊重顧客消費額度。	評分：C→持續性的 I→非持續性的 N→不存在的

資料來源：經濟部商業司，《餐飲業經營管理實務》，p.119。

四、顧客反應的重要性

上面已談過如何達到令顧客滿意的服務手法，但如果沒有一個持續性、有系統的管道，將顧客對服務的要求反應出來，對於服務品質的提升，仍有很大的阻礙。

顧客對某員工給予正面的評價，餐廳因此給予該員工獎勵措施，是一種正面的推動力量。這種正面的推動力量，可以不斷地活絡整個服務流程。

換句話說，如果某種服務方式被賦予負面評價時，這種服務方式自然會逐漸消失。受到正面評價的服務方式，則肯定會受到經理人以及服務人員的重視，並且將此種服務方式視為自己所期望的服務品質之標準。

在這樣的工作環境下，大家的注意力會集中在誰將事情做好做對，而比較不會去挑毛病。下列三種方法可提供經理人及服務人員，作為他們改善服務方法的參考：

1. 以服務品質的標準，作為平日工作表現的評估。
2. 將銷售紀錄製表。
3. 鼓勵有建樹性的顧客意見。

五、獎勵措施的要點

1. 給予特殊或促銷項目某一比例的現金，回饋獎勵。
2. 給予一筆現金，獎勵某項的銷售成績。
3. 以銷售量為基準，給予某一比例的紅利。
4. 針對團體所共創之業績，可給予團體獎勵。
5. 制定利潤分享制度，來鼓勵團體共創業績。
6. 提供一瓶洋酒，以為當日洋酒銷售冠軍的獎勵。
7. 提供洋酒銷售總冠軍者，公假免費的品酒鑑賞研討會。
8. 在雞尾酒銷售最佳的當日，提供員工免費的雞尾酒試飲。
9. 提供兩人三天兩夜的渡假免費住宿招待。
10. 免費招待兩人用餐。
11. 針對每月、每季最佳銷售人員，提供特殊的獎勵。
12. 給予文化活動的招待券。
13. 額外給予休假。
14. 給予禮券。
15. 給予免費運動衣。
16. 舉辦團體慶祝活動或郊外烤肉。
17. 公布得獎人姓名、事蹟。

18.贈予獎牌。

19.予以免費停車特權。

20.加薪。

21.團體旅遊活動。

22.給予特殊成就標誌的別針。

23.給予優先選擇工作輪班時段。

24.交由主管予以口頭獎勵。

良性的反應、認同以及獎勵措施，皆有助於服務品質上軌道，這也會激勵經理人及服務人員，願意朝向大家所期望的目標共同努力。

如果欠缺了上述的誘因，任何的服務品質改善方法都將逐漸退化，而回到原點。所以就長期而言，應把顧客的反應、認同及獎勵措施有效地注入於組織的正常運作中，以提升服務品質。

圖8-2所示即為提升顧客服務品質的環節，如此不斷地周而復始。同時必須密切監督服務人員是否依照顧客的反應要求，修正服務，這也是建立所期望之服務品質標準以及服務品質的指標所在。

六、結論

誠然因為餐廳定位的不同，顧客滿意的服務手法也不盡相同，但如何令顧客滿意的前提，卻始終未變。餐飲業者只需以顧客滿意為依歸，根據上面所述，按部就班，設定明文化、具體化的服務標準、指標，並確實對服務人員的服務方式，進行評估，再配合獎勵措施，激勵服務人員擇優汰劣，自能慢慢修正並塑造出令顧客滿意的服務手法。

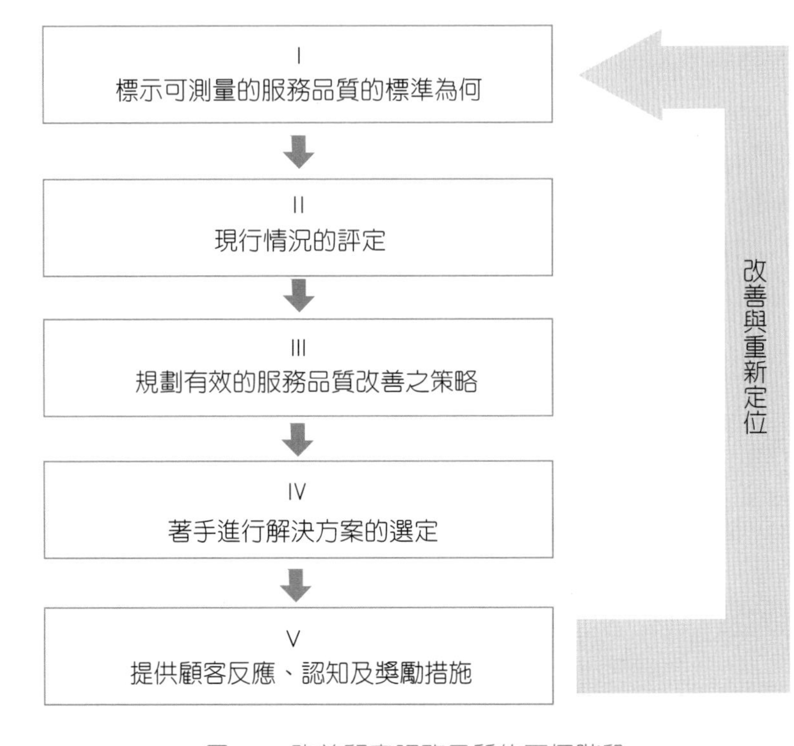

圖8-2　改善顧客服務品質的五個階段

資料來源：經濟部商業司，《餐飲業經營管理實務》，p.120。

案例：某大飯店餐飲部服務品質標準

1.向顧客打招呼

(1)以立正的姿勢。

(2)兩眼看著顧客。

(3)向顧客微笑。

(4)打招呼時儀態愉快自然。

2.引客就座出示菜單

(1)引客就座後出示菜單。

(2)出示的菜單要清潔、無油漬、價目無塗改。

3.介紹飲料及雞尾酒類

(1)介紹咖啡。

(2)介紹冷飲及果汁。

(3)記住哪一種酒是某某顧客要的，不要張冠李戴。

4.進行飲料服務

(1)一律用托盤送上。

(2)首先為女賓服務。

(3)如果玻璃杯裡有餐巾的話，將餐巾取出來。如果是小餐巾，為客人放在最順手的位置上；如果是大餐巾，展放在顧客的雙膝上。

(4)托盤裡墊放餐巾，飲料放在餐巾上，給客人斟酒時要恰到好處（酒一般斟到杯的三分之一左右）。

(5)對某些雞尾酒要配上檸檬切片。

(6)送酒時用右手從右邊開始。

(7)送酒不要送錯對象，不要問這是誰點的酒。

(8)客人用完酒時，詢問客人是否要再加添。

5.介紹快餐、冷盤及特色風味菜

(1)敘述早餐及快餐的種類。

(2)向顧客展示快餐的樣品。

(3)午餐要記住介紹湯類。

(4)向客人推薦「當天特色菜」、「當天特種酒」。

(5)向客人展示特色菜的樣品。

(6)向客人介紹「時鮮菜」。

(7)向客人說明時鮮菜的烹飪特色。

6.請客人點菜

(1)審視並揣測誰是東道主。

(2)走近東道主跟前。

(3)詢問是否開始點菜。

⑷先請女賓點菜。

⑸站在客人的左邊聽客人點菜。

⑹說明某些菜的相互搭配吃法，並記住客人對某種菜的特別要求（如要求少量等）。

⑺對先點好菜的客人先服務。

⑻詢問客人的問題要適可而止。

7.送菜單到廚房

⑴及時送菜單到廚房。

⑵向廚房交代情況簡單明瞭。

⑶在菜單上註明客人的口味（鹹、淡、辣等）。

⑷註明該菜配何種菜吃。

⑸菜單要插在插簽上。

8.進餐時的服務

⑴上菜前檢查一下餐桌上的餐具是否準備妥當。

⑵撤去客人用餐前使用的杯碟和餐具（如咖啡杯及雞尾酒杯）。

⑶補充好本餐要使用的杯碟和餐具。

⑷按客人需要準備幾杯清水（以便客人於甜鹹菜之間漱口之用）。

⑸詢問客人是否需要開胃酒。

9.向廚房領菜

⑴敦促廚房及時做好客人點的菜。

⑵檢查一下廚房做好的菜是否符合點菜單上的要求。

⑶上菜服務過程中加上適當的餐盤裝飾。

⑷將份量重的菜盤放在托盤當中。

⑸熱菜與熱菜放在一起。

⑹冷菜與冷菜放在一起。

⑺菜盤疊放時不要擺得太擠，要防止一個菜盤接觸到另一個菜盤。

10.上菜服務

(1)在客人進餐間提供開胃飲品。

(2)在客人進餐間送上沙拉。

(3)將主菜和湯放在主客的最跟前。

(4)奶油盤、麵包、沙拉從左邊上，一般菜都從右邊用右手上。

(5)熱菜要熱，用熱盤。

(6)冷盤要冷。

(7)送上適量麵包，如客人點用三明治要主動附上調味品。

11.餐席間的服務

(1)站在餐席旁邊等候服務。

(2)詢問客人有無吩咐。

(3)檢查菸灰缸是否清潔，如已有兩個以上的菸頭，應立即更換。

12.撤臺工作

(1)撤臺工作要做得輕快俐落無嘈雜聲。

(2)每道菜用完之後就要將空盤或不必要的餐具撤回。

(3)撤去空盤，用右手從右邊上的餐盤仍然從右邊撤去。

(4)先收拾空盤空碟。

(5)盤碟與銀器具分開放。

(6)撤去未飲盡的酒杯、酒瓶。

(7)用清潔的菸灰缸代替用髒的菸灰缸。

13.介紹甜點

(1)餐桌撤清後即介紹甜點。

(2)多介紹幾種點心讓客人挑選。

14.介紹咖啡

(1)向顧客介紹餐後咖啡。

(2)用餐盤托送咖啡。

(3)詢問客人咖啡是否要加糖或奶精。

(4)將咖啡調羹放在客人最順手的地方。

15.進行甜點和咖啡服務

(1)對女賓或年長者首先服務。

(2)使用杯碟餐具要適當。

(3)用右手從右邊送上咖啡。

16.準備結帳

(1)開票要字跡清晰可認。

(2)每個項目的價格必須正確無誤。

(3)稅率要算得準確。

(4)附加的項目要說清楚。

(5)總數要講清楚。

17.將帳單交給顧客

(1)當客人用餐完畢不再需要其他服務時，馬上將帳單交給客人。

(2)詢問客人是否要預訂下一餐。

(3)發票要放在東道主座位旁邊。

(4)適當的向客人提供醒酒糖。

(5)適當的向客人表示感謝。

(6)請客人下次再來光臨。

(7)如果客人願意直接向收銀員付款，應告知收銀員的櫃臺在什麼地方。

18.收帳過程

(1)用信用卡支付者

①要知道本店接受哪幾種信用卡。

②檢查信用卡截止日期。

③按不同類型的信用卡使用適當的收據。

④檢查信用卡的號碼是否正確。

⑤在客人信用卡複印件上寫明應付款的總數額。

⑥請客人簽字。

⑦檢查客人簽字與信用卡姓名是否一致。

⑧將信用卡還給客人。

(2)用現金支付者

①將帳單和現金交給收銀員（由收銀員檢查鈔票的真假）。

②將現金找的零錢及發票交給客人。

19.送別客人

感謝客人，並祝客人平安、愉快。

以上餐飲服務品質標準案例，係從不同餐廳中舉出一例供參考。制定餐飲服務品質標準千萬不能轉抄其他餐廳，否則將失去自己的風格，而遠離了客人的需求。[3]

自我評量

1. 餐廳服務方式中之餐桌服務有哪兩種？
2. 餐廳服務流程有哪七個要件？
3. 顧客滿意的服務態度準則為何？
4. 改善顧客服務品質的五個階段為何？

[3] 同註2，pp.262～267。

第九章

旅館服務品質管理

摘　要

旅館銷售的商品可以分爲有形的商品與無形的商品，一般而言服務品質具有幾個特性：1.服務品質構成的綜合性、2.服務品質評價的主觀性、3.服務品質顯現的短暫性、4.服務品質的整體性和全面性、5.服務品質對員工的依賴性、6.服務品質的情感性。

飯店服務品質要素包含硬體設備品質與軟體服務品質，前者包括設施設備品質、環境品質、服務用品品質與實物產品品質，後者包括勞務活動品質與資訊提供品質。

旅館服務品質改善之具體措施：1.加強教育訓練、2.實施標準化服務作業、3.嚴格執行人事管理制度、4.建立獎勵制度、5.重視旅客意見之處理、6.售後服務之延續、7.落實服務品質管理策略。

傑出旅館從業人員應具備條件：1.顧客的需要，適時適當的服務、2.「處處用心」乃職業必須之條件、3.神經遲鈍是Hotel Man的失格、4.站在顧客的立場，仔細思考問題、5.適時的行動，才能得到顧客的信賴與好感、6.見林亦要見樹，事事用心、7.從業人員的禮貌是飯店服務的一部分、8.「勿使顧客感到羞恥」是最優先的考慮、9.EQ意識是Hotel Man的必須條件、10.臨機應變，不要成爲服務機器人、11.要從回答提升爲應答有行動的Hotel Man。

旅遊業在國民經濟中處於重要的地位，旅館是旅遊業的重要組成部分，其分類方式最多，又有異於其他事業的特性，係屬於一種服務業；在目前競爭激烈的環境下，服務品質是旅館的生命。服務品質管理是旅館經營管理的核心內容。以下將旅館特性、分類、服務品質管理措施與策略等問題分別加以說明。

第一節　旅館服務品質內容與其特點

旅館是提供旅客住宿、餐飲、會議、社交、娛樂等功用的場所，它所供應的產品或服務無法事先儲存或大量生產，以備不時之需。

旅館有異於其他事業的特性，旅館經營者必須了解本身商品的特性，始能尋找出合理的經營方法與圓滿達成管理的任務。茲將旅館服務品質內容及特性分述如下。

一、旅館服務品質內容

旅館業是由硬體（設備）與軟體（服務）的結合，故銷售的商品可分為有形商品與無形商品兩種。

㈠有形的商品

1.設備

設施設備是旅館給顧客提供服務的主要物質依託，是旅館賴以存在的基礎，包括了旅館的客房，以及旅館本身各項休閒性、機能性、便利性、安全性的設備。由於現代的旅客多是為了享受而旅行，所以旅館的設備要注意可以讓旅客感覺到輕鬆、休閒、清靜、整潔、方便及安全，尤其服務人員應當尊重個人之隱私，不得隨意刺探或打擾。

2.環境

我們知道一般觀光客，出外旅行之主要目的，並非為住旅館而來，但是常慕名附近的自然環境之優美及濃厚的人情味而旅行。環境係指周遭的環境（例如優美的自然環境），以及內部的環境（例如濃厚的人情味、優雅的氣氛及衛生條件），所以旅館必須擁有優美引人的環境以招徠旅客。

3.餐食

旅客前往世界各地旅行，大都懷有一種好奇感，希望嘗嘗異國的道地風味，例如到臺灣來觀光，美食就排名在第二項目。其次是要有飽足感，也就是餐食的提供不但要美味可口，而且要讓人吃得飽。此外，在進食期間還要有優雅的氣氛及精彩的演出，使每個來消費的旅客皆能陶醉其中，留連忘返。[1]

㈡無形的商品

無形產品乃指服務（Service）而言，主要包括旅館員工的服務態度、服務技能、服務方式、禮節禮貌、服務效率、職業道德和職業習慣等。旅館無形產品是旅館服務質量體現的關鍵所在，旅館有形產品可以模仿，但旅館無形產品則能夠體現出旅館的競爭優勢，無形產品的使用價值被賓客使用完以後，其服務型態便消失，僅給顧客留下不同的感受和滿足程度。旅館個性化服務的體現和差異化戰略的實施通常離不開旅館無形產品質量的精心打造，使顧客能有「賓至如歸」的感受。

1.服務態度

服務態度是指旅館服務人員在對顧客服務中所體現出來的主觀意向和心理狀態。員工對客服務態度的好壞直接影響到顧客的心情，因此員工無論在什麼情況下都應該保持良好的服務態度。不能把自己生活中的情緒帶到工作中，而必須時時保持積極熱情的工作態度，這樣才能

[1] 林玥秀等（2000），《餐館與旅館管理》，國立空中大學，p.218。

為賓客帶來愉快的心理感受，從而贏得顧客的肯定。

2.服務技能

員工所掌握服務技能的整體水平是服務質量高低的重要體現。員工不僅要具備基本的操作技能和豐富的專業知識，能夠應對日常的工作事務，還應有能靈活應對和處理各種突發事件的技巧和能力。因為顧客群體很複雜，且有多樣化的需求，所以員工必須靈活運用各種服務技能充分滿足顧客的需求，使他們獲得心理上的滿足，提高他們的滿意度。

3.服務效率

服務效率是在盡可能短的時間內為顧客提供最需要的服務，服務效率是提高顧客滿意度的重要因素，也是服務質量的重要保證。當前很多企業都在努力追求方便、快捷、準確，優質的服務就是追求服務效率的具體體現。

4.禮節禮貌

禮節禮貌其主要表現在員工的面部表情、語言表達與行為舉止三方面。即微笑是最基本的原則；服務用語必須注意禮貌性；行為舉止主要體現在主動和禮儀上等。

5.職業道德

職業道德是員工在工作過程中所表現出來的「愛崗敬業」、「全心全意為客人服務」、「顧客至上」等飯店行業所共有的道德規範，必須共同遵守，才能真心誠意地為客人服務，才能真正具備事業心和責任感，不斷追求服務工作的盡善盡美，為服務品質帶來保證。

6.服務方式

服務設計要合理，服務項目的設置要合適，服務時的安排及服務程序的設計要科學，獨特的服務方式可以創造無形產品的使用價值，為物質消費增加附加價值。[2]

7.安全衛生

旅館安全狀況是賓客外出旅遊時考慮的首要問題，因此，旅館必須保障賓客、員工及旅館本身的安全。在環境氣氛上要製造出一種安全的氣氛，給賓客心理上的安全感，但不是戒備森嚴，否則，更會令賓客感到不安。

旅館清潔衛生主要包括：旅館各區域的清潔衛生、食品飲料衛生、用品衛生、個人衛生等。因為，旅館清潔衛生直接影響賓客身心健康，是優質服務的基本要求，所以必須加強管理。

二、旅館服務品質的特點

旅館服務所需要的人與人、面對面、隨時隨地提供服務的特點，以及旅館服務品質特殊的構成內容，使其品質內涵與其他企業有著極大的差異。為了更好地實施對旅館服務品質的管理，管理者必須正確認識與掌握旅館服務品質的特點。

㈠旅館服務品質構成的綜合性

旅館服務品質是由實物型態的物質提供和服務人員的服務勞動相結合所共同決定的。其中，設施設備、實物產品是旅館服務品質的基礎，服務環境、勞動服務是表現形式，而賓客滿意度則是所有服務品質優劣的最終體現。因此人們常用「一個獨立的小社會」來說明旅館服務品質的構成所具有的極強的綜合性。

㈡旅館服務品質評價的主觀性

儘管旅館本身的服務品質水平基本上是一個客觀的存在，但由於旅館服務品質的評價是由賓客享受服務後根據其物質和心理滿足程度進行

[2] 馬勇（2006），《飯店管理概論》，清華大學出版社，pp.231～233。

的，因而帶有很強的個人主觀性。因此，旅館員工應在服務過程中通過細心觀察，了解並掌握賓客的物質和心理需要，不斷改善對賓客服務，為客人提供有針對性的個性化服務，並注重服務中的每一個細節，重視每次服務的效果，用符合客人需要的服務本身來提高賓客的滿意度，從而提高並保持旅館服務品質。正如一些旅館管理者所說：我們無法改變客人，那麼就根據客人需求改變自己。

㈢旅館服務品質顯現的短暫性

旅館服務品質是由一次一次的內容不同的具體服務所組成，而每一次具體服務的使用價值均只有短暫的顯現時間。這類具體服務不能儲存，一結束，就失去了其使用價值，留下的也只是賓客的感受。且即使賓客對某一服務感到非常滿意，評價較高，並不能保證下一次服務也能獲得好評。因此，管理者應督導員工做好每一次服務工作，爭取使每一次服務都能讓賓客感到非常滿意，從而提高旅館整體服務品質。

㈣旅館服務品質的整體性和全面性

客人對旅館服務品質的印象，是通過他進入旅館直至他離開旅館的全過程而形成。在此過程中，客人得到各部門員工提供一次一次具體的服務活動，而這些服務活動不是孤立的，而是有著密切的關聯。在連鎖式的服務過程中，只要有一個環節的服務品質有問題，就會破壞客人對旅館的整體印象，進而影響其對整個旅館的服務品質的評價。因此，在旅館服務品質管理中有一通行公式：$100-1<0$，即一百次服務中只要有一次服務不能令賓客滿意，就會全盤否定以前的九十九次優質服務，還會影響旅館的聲譽。這就需要求旅館各部門，各服務過程、各服務環節之間協作配合，確保每項服務的優質、高效率，服務全過程和全方位的「零缺點」。

(五)旅館服務品質對員工素質的依賴性

旅館產品生產、銷售、消費同時性的特點決定了旅館服務品質與旅館員工的表現的直接關聯性。員工在為客人提供服務同時，客人也在消費和使用，飯店產品沒有「可試性」，客人在購買時不能先嘗試再購買，在購買消費體驗的同時也在檢驗服務品質的好壞，質量不好也不能退貨。

旅館服務品質是在有形產品的基礎上通過員工的勞動服務創造並表現出來的。這種創造和表現能滿足賓客需要的程度取決於服務人員的素質高低和管理者的管理水平高低。因此，旅館管理者應合理配備、培訓、激勵員工，努力提高他們的素質，才能不斷提高旅館服務品質。

(六)旅館服務品質的情感性

旅館服務品質還取決於賓客與旅館之間的關係，關係融洽就比較容易了解旅客的難處和過錯，否則很容易致使客人的小題大做或借題發揮。

事實上，無論旅館如何努力，服務品質問題還是會出現在旅館的任何時間和空間，所不同的只是存在的問題數量和影響面，這是無可迴避的客觀現實。作為旅館管理者應做的是積極地採取妥當的措施，將出現的服務品質問題對客人的影響降至最小，避免矛盾的擴大化，其中最有效的辦法，就是通過一些真誠為客人考慮的服務贏得客人，在日常工作中與客人建立起良好和諧的關係，使客人最終能夠諒解旅館的一些無意的失誤。[3]

第二節　旅館的分類

旅館的分類方式眾多，各種組織所採用的分類標準及學術研究所使用的

---

[3] 蔣丁新（2000），《酒店管理概論》，東北財經大學出版社，pp.133～135。

區分方式也各具參考價值，本節擇要說明以下數種分類。

一、按所在地區分

㈠都市旅館（City hotel）

在都會區的旅館稱為都市旅館。其規模大的具有宴會、結婚儀式場所；大型宴會設施，具有迎賓的能力，國內外人士均樂於下榻使用，有些更有舉辦國際會議的能力。

近年來「都市旅館休閒化」已是潮流，都市旅館內有休閒設施，例如健身房、有氧舞蹈室、迴力球場、蒸氣室、沐浴室、三溫暖、美容沙龍、游泳池，還有綠意盎然的庭園式陽臺、高爾夫練習場及旅遊諮詢服務（圖9-1）。

都市旅館

- 1.短期停留旅館（Transient hotel）
  - ⑴都會旅館（Metropolitan hotel）（高級旅館）
  - ⑵商務旅館（Commercial hotel）（中級旅館）
    - ①都心旅館（Downtown hotel）
    - ②郊外旅館（Suburban hotel）
    - ③驛站旅館（Terminal hotel）
      - a.車站旅館（Station hotel）
      - b.機場旅館（Airport hotel）
      - c.車站旅館（Station hotel）
    - ④會館（公共事業經營之旅館）
  - ⑶會議旅館（Convention hotel）
  - ⑷商用旅館（Business hotel）
  - ⑸汽車旅館（Motel）
  - ⑹公路旅館（Highway hotel）
  - ⑺客棧（Inn）（小規模經營）
  - ⑻舍寮（公、民營之宿舍）
- 2.長期停留旅館（Residential hotel）
  - ⑴公寓旅館（Apartment hotel）
  - ⑵宿舍（Pension）（租賃業經營）

圖9-1　都市旅館分類系統圖

資料來源：譯自鈴木忠義（1988），《現代觀光論》，東京：有斐閣，p.162。

(二)休閒旅館（Resort hotel）

又稱渡假旅館，設於風景優美地區，無論靠近海濱、湖畔、山岳、溫泉、海島或森林。建築物造型較富變化，有較明顯的季節性。「休閒旅館都市化」也蔚為潮流，如大小型會議室和宴會設備，也出現在休閒旅館內（圖9-2）。

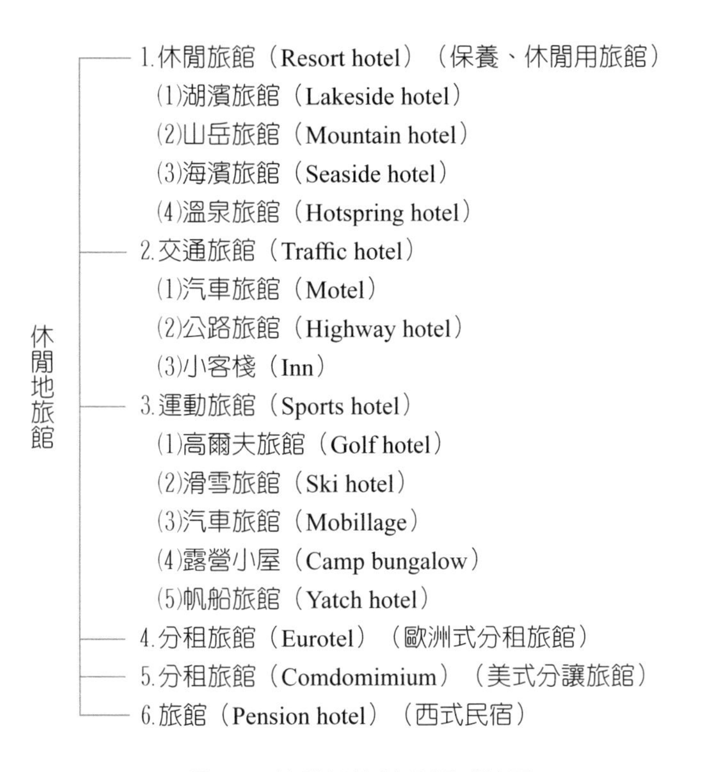

圖9-2　休閒地旅館分類系統圖

資料來源：譯自鈴木忠義（1988），《現代觀光論》，東京：有斐閣，p.162。

二、按收取房租之方式

(一)歐洲式計價（European plan）

即房租內並沒有包括餐費在內的計價方式。

㈡美國式計價（American plan）

在歐洲又稱為Full Pension，即房租內包括三餐在內的計價方式。

㈢修正美國式計價（Modified Amerean plan）

在歐洲又稱Half Pension或Semi Pension，亦即房租內包括兩餐在內的計價方式。

㈣大陸式計價（Continental plan）

即房租內包括大陸式早餐在內的計價方式。

㈤百慕達式計價（Bermuda plan）

即房租包括美式早餐，現在臺灣多數飯店多為此計價方式，且早餐又為自助式早餐。

三、美國汽車協會（American Automobile Association, AAA）的分類方式

AAA評鑑制度為北美最通用的住宿評鑑指南。它將住宿場所依住宿形式及所提供的服務分成12類，再針對每類住宿場所用同一評鑑標準法衡量其等級。AAA之12類住宿場所定義如下：

㈠大型旅館（Hotel）

1. 多層式建築，通常位於市中心或休閒渡假地區。
2. 一般供應之設施包括有咖啡店、餐廳、酒吧、客房服務、便利商店、洗衣房、宴會廳及會議設備。
3. 在市中心之旅館其停車設施空間會比較少，但在郊外地區應提供足夠的車位。
4. 一般會提供客人完整的服務設施。

㈡一般旅館（Motor inn）

1. 通常是二至三樓，但可能是多層式的高層建築。

2.提供康樂設施及餐飲服務。

㈢汽車旅館（Motel）

1.通常是一至二層樓。

2.餐飲設備，只提供有限的設備或點心販賣部。

3.通常有一些娛樂設施，如游泳池或遊樂場。

4.提供足夠方便的停車場，通常是位於近大門的地方。

5.提供有限度的服務。

㈣鄉村旅館（Country inn）

1.大部分有歷史背景。

2.房間能反應舊日的環境氣氛，但或許缺少一些新設備或要共用浴室。

3.通常是由業主親自經營及提供餐飲服務。

4.通常有停車的地方。

5.提供中等服務。

㈤古蹟旅館（Historical）

1.把舊有的建築改造後用作旅客住宿地方。

2.這些旅館一般都是建築在1930年以前。

3.房間也許會有數種新式的設備，住客也許要共用浴室。

4.由業主親自經營。

5.設有餐飲設備。

6.一般會有停車的地方。

7.提供中等服務。

㈥渡假旅舍（Lodge）

1.典型是兩層或數層之建築物。

2.一般位於渡假勝地，如滑雪及釣魚地區。

3.通常有餐飲服務。

4.設有足夠之停車空間。

5.提供中級服務。

㈦渡假小屋（Cottages）

1.獨立形式的小房屋（一般是平房或雙併小屋）。

2.通常每一棟小房屋便是一出租單位。

3.每一單位有一獨立之停車位置。

4.提供有限度的服務。

㈧農牧旅舍（Ranch）

1.提供戶外布置及有西部色彩的娛樂設備。

2.屬於中等的服務性質。

㈨綜合（型式）旅館

1.提供兩種以上之上述住宿形式的綜合旅館。

2.通常不設於休閒渡假地區。

㈩出租公寓（Apartment）

1.至少50%的出租單位有家具設備。

2.通常位於渡假區。

3.單位內提供設備齊全的廚房、一個客廳，及一個以上的睡房或套房式的房間。

4.這種房間需要最低租用期，主要提供較便宜的租金給長期租用者。

⑪租用套房（Suites）

1.所有的單位設有一間或以上的睡房及一個客廳。

2.客廳未必與睡房分開。

⑫渡假旅館（Resort hotel）

1.有渡假的氣氛，通常是遠離都會區或大都市等地方。

2.提供大量而廣泛的休閒設施。

3.但一般設有特種娛樂設施，如高爾夫球、網球及釣魚等。[4]

四、我國旅館的分類

依據《發展觀光條例》第二條之規定分為：觀光旅館業：指經營國際觀光旅館或一般觀光旅館，對旅客提供住宿及相關服務之營利事業；旅館業：指觀光旅館業以外，對旅客提供住宿、休息及其他經中央主管機關核定相關業務之營利事業；民宿：指利用自用住宅空閒房間，結合當地人文、自然景觀、生態、環境資源及農林漁牧生產活動，以家庭副業方式經營，提供旅客鄉野生活之住宿處所。

第三節　旅館服務品質的內涵

旅館服務品質是指客人在入住旅館的過程中，享受到服務勞動的使用價值，得到某種物質和精神滿足的一種感受。要提高旅館服務品質，首先應充分地認識旅館服務品質的內涵。

圖9-3表示了旅館服務品質的內容。從圖中可以看出，旅館服務品質是通過硬體設備的品質和軟體服務的品質來體現。硬體設備品質取決於旅館的設施設備品質、環境品質、服務用品品質、實物產品品質；軟體服務品質則取決於旅館員工的勞務活動品質與資訊的服務品質。但是，服務品質最終是由客人的滿意度來體現，並且與客人對服務的期望直接相關。

[4] 同註2，pp.249～250。

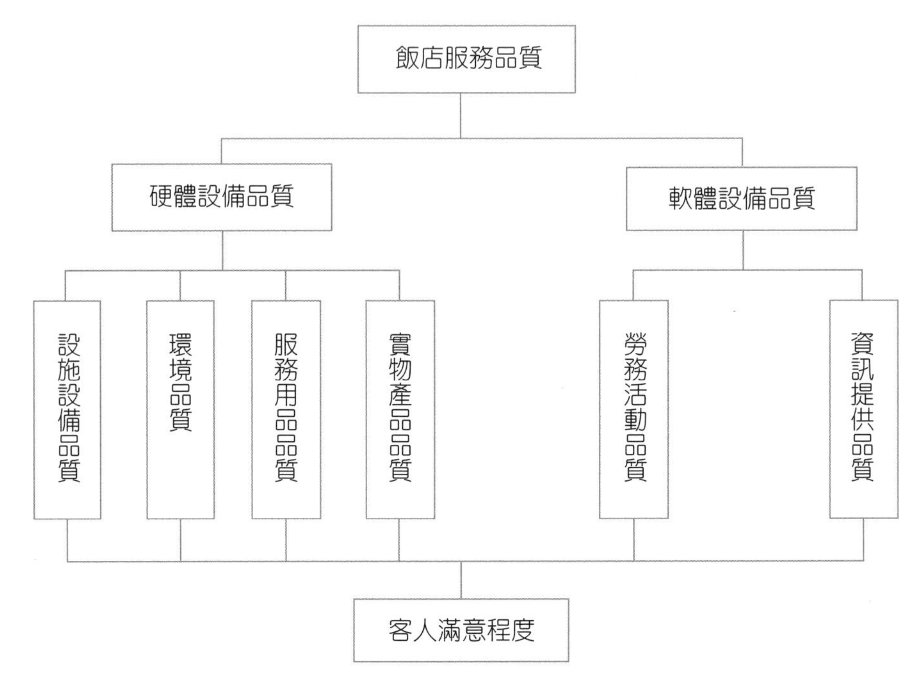

圖9-3　旅館服務品質要素

資料來源：本研究整理。

若用ES表示期望，PS表示感知，SQ表示服務品質，則可寫成下式：

$$SQ = PS - ES$$

當PS > ES 則SQ > 0

PS = ES 則SQ = O

PS < ES 則SQ < 0

上式表示，服務品質的高低可以用滿意度的量值來表達出來。

Parasuraman、Zeithaml及Berry三人根據顧客對業者所提供服務品質的實際認知（Perception），與其對該服務所抱持期望（Expectation）認知的差異，從五個構面：有形性（Tangibles）、信賴性（Reliability）、反應性（Responsiveness）、確實性（Assurance）、情感性（Empathy），發展出SERVQUAL量表；透過調查的方式來測量服務品質，該問卷共包含了22個問題陳述（表9-1），由受訪者使用七點式的評量尺度（同意度）對每一個問題的期望與認知進行評估。完全同意選7，完全不同意選1。由受訪者就陳述的同意程度給予1到7分的評點，而服務品質的衡量就是實際認知的得分與期望認知得分的差距。

表9-1　SERVQUAL中服務品質之衡量構面及組成變項

構面	組成變項
有形構面	1.具有先進的服務設備。 2.服務設施具有吸引力。 3.服務人員穿著得宜。 4.公司的整體設施、外觀與服務性質相協調。
信賴構面	5.履行對顧客所作的承諾。 6.顧客遭遇困難，能表現關心並提供協助。 7.公司是可依賴的。 8.能準時提供所承諾的服務。 9.正確地保存服務的相關紀錄（例如：交易資料、客戶資料）。
反應構面	10.告訴顧客何時會提供服務是不需要的。（負面題） 11.顧客期待能很快得到服務是不切實際的。（負面題） 12.服務人員不需要始終都願意幫助顧客。（負面題） 13.服務人員太忙而無法迅速提供服務是可接受的。（負面題）
確實構面	14.服務人員是可信賴的。 15.從事交易時能使顧客感覺安心。 16.服務人員服務周到。 17.服務人員能互相協助以提供更好的服務。
情感構面	18.顧客不應期待服務人員會針對不同客戶給予方便。（負面題） 19.顧客不應期待服務人員會針對不同客戶提供服務。（負面題） 20.期待服務人員了解客戶的需要是不切實際的。（負面題） 21.期待服務人員以顧客的利益為優先是不切實際的。（負面題） 22.顧客不應期待業者的營業時間能方便所有顧客。（負面題）

資料來源：Parasuraman A., V. Zeithaml, L. L. Berry. "SERVQUAL, A Multiple-Item Scale Measuring Consumer Perceptions of Service Quality." *Journal of Retailing*, Vol. 64, No. 1, (1988), pp.38～39。

第四節　旅館服務品質管理的有效途徑

旅館服務品質是旅館生存和發展的關鍵，雖然我們不可能完全杜絕旅館品質問題的發生，但是我們可以通過有效的服務品質管理盡可能控制服務品質問題的發生，實現旅館既定的品質目標。可以通過以下途徑來切實提高旅館的服務品質，增加顧客的滿意度，從而獲得競爭優勢。

一、增强旅館全面品質意識，將品質管理納入旅館整體發展戰略

隨著市場競爭的日益激烈，以品質求生存、以品質求效益、以品質求發展是旅館業共同面臨的問題，品質意識不僅僅是旅館管理者所必須具備的一種觀念，更是一個「全員意識」，只有在全員的努力下，才能獲得品質的持續提高。「品質=競爭力」從客觀上要求旅館必須全面提高其品質意識，旅館的一切活動都以能否實現品質的提高為行動標準。

用戰略的觀點來看待旅館品質問題，用戰略性思維開展品質管理工作，並制定一系列的制度、規章、方法、程序和機構等，使旅館品質管理活動系統化、標準化、制度化，才能真正促進旅館服務品質提高。

二、創新旅館服務管理理念，提高旅館品質管理水準

創新旅館服務品質管理理念是提高旅館品質管理水準的前提，只有在觀念上得到了創新，才能在行動中得到實行。旅館業常見的服務管理理念有「顧客是上帝」、「員工第一，顧客至上」、「以上為本」、「顧客滿意理論」、「服務價值理論」、「零缺陷管理」等。旅館品質管理部門應不斷吸收借鑑國外先進的旅館服務品質管理理念，結合本旅館的實際性形進行創新運用，並將其落實到旅館員工的具體服務工作中去，才能不斷提高

旅館服務管理水準。

三、制定數據化品質標準，落實旅館品質管理行動

旅館品質標準制定必須建立在以顧客的需求為基礎，並落實到可操作性的層面。ISO9000族標準對服務品質所作出的規定具有全面、詳細、操作性強等特點，對旅館服務品質的提高有著極積及重要的指導作用。由於旅館服務和產品具有無形性，顧客個體情況的不同對服務的要求也各有差異，導致了旅館的有些服務難以有一個統一的標準。飯店數據化的品質標準的制定可提供機會讓員工參與決策，盡量使服務品質標準符合旅館實際情況和員工技能水平，確保服務標準能得到員工的理解和接受，使其便於貫徹執行，同時切實了解顧客需求，從而有利於員工的具體服務工作的開展和控制，並使顧客滿意。

四、提高旅館員工整體素質，強化員工隊伍的管理

員工的素質和服務水準是影響顧客購買力的兩個重要層面。旅館的經營管理水準和在市場上的競爭能力都與旅館員工隊伍的素質高低有著很大的關係。因此，提高旅館員工的整體素質，強化員工隊伍的管理對提升服務品質至關重要。

㈠首先在員工配置方面，應重視被聘人員的實際才能，按不同崗位要求選拔適合的人員。

㈡應提高員工的服務意識，強化服務思想，樹立顧客至上的觀念。

㈢重視員工的業務訓練，提高專業知識和服務技能；最後還需重視員工的人際交往能力培訓。

㈣建立有效的考核監督機制，規範員工的行為，切實保證服務品質，同時還要建立科學的激勵機制以掌握員工的潛力，充分調動員工工作的積

極性和創造性。總之，旅館只有管理好員工，給員工「滿意」，員工才能將更優質的服務帶給顧客，從整體上提高旅館品質水準和顧客滿意度。[5]

旅館業被稱為慇勤的產業（Hospitality industry），如果欠缺款待顧客的心，絕無法發展產業。隨著時局的安定，人們所求的是心靈的安息，親切的對待。

旅館業界競爭激烈的現狀下，要脫穎而出，除了節省人力減少營運成本之外，服務競爭是不可避免。一般業者的競爭有品質、價格、品牌，但是實際上最大的無形產品，不需要花很大的成本的「服務」是關鍵的條件。

基於人為是決定服務品質優劣之最大因素，有計畫實施員工培訓與管理，以提升旅館服務品質，強化競爭力為當務之急。旅館業是人的事業（People's business），從人際關係（Human relation）之調和為教育的基本原則。即所有服務為對人際關係之提升開始，以「和」為重點。

以日本新大谷飯店教育訓練為例，其研修目標係以對人能力、旅館服務必要的專業知識及管理能力為三個主柱。茲例舉新進員工之教育訓練供參考：

1. 導入研習：就業規劃、上下班出勤卡的使用說明、接待基本認識、接聽電話的方法、說話的禮節等。
2. 基本接待客人用語的徹底教育。
3. 館內參觀熟習教育：館內大小宴會場所、防災中心、電腦室到廁所的位置、餐廳的服務時間等。
4. 意識激勵：利用討論方式，讓新進員工自覺職場上與學生生活之區別，體認有責任心與樂趣的工作。[6]

---

5 石倉豐（1978），ホテルのサービス教育，東京：柴田書店，pp.17～19。

6 二見道夫（1997），《輝くホテルマンの條件》，東京：實務教育出版，pp.2～25。

第五節　傑出旅館從業人員的條件

旅館業在未來的發展趨勢，將面臨更激烈的競爭局面，如何在不斷變動的環境中，維持競爭優勢且永續經營，唯一制勝的關鍵在於人力資源，能擁有一流的員工才能達成企業的目標，茲將旅館從業人員應具備的條件分述如下。

一、顧客的需要，適時適當的服務

Hotel Man最佳的服務是「客人的需要，在適時適當的提供」。不是讓客人提出要求，而是能察覺客人的心。

二、「處處用心」乃職業必須之條件

雖然要從大事著眼，但是絕不能忽略小事，如對客人的奉茶看似小事，事實上能夠適時端上是一件大事。

三、神經遲鈍是Hotel Man的失格

要確實掌握客人的信號。顧客管理最重要的是「個客管理」，所謂「個客管理」，就是對客人細緻的事件亦能夠去察覺之意。

四、站在顧客的立場，仔細思考問題

所謂服務，水準提高就會變為細緻。會注意到細節問題。「客人的桌子有太陽的照射，這樣子一定會感到刺眼，是不是需要將窗簾拉上？」這種用心，就是我們常常提到的「問題意識」，而且一流的問題意識，會表現在細節的感覺上。

五、適時的行動，才能得到顧客的信賴與好感

有些人對時間的把握很好，但有些人卻實在很差。

有一次出差外縣市，除笨重的皮包之外還帶些東西，當坐計程車到達擬住宿的飯店時，服務人員立刻前來招呼，並說「行李可否先交給我來拿」便伸手幫忙。這個服務人員的行動，實在是很適時的服務。無論是誰像我的狀況，一定都會有此同感。或許每一間飯店都會有同樣的行動，不過仍然會有些不能適時服務的飯店。

在餐廳用餐，有些用完的空盤可以撤走，但是服務生在桌子旁不知走過了幾回，仍然無動於衷。

Hotel Man要有全方位的注意力，如果無法察覺，就沒有適時的行動。所謂適時，是客人希望你服務時，希望你服務的事，能確切提供之謂。

六、見林亦要見樹，事事用心

此乃旅館從業人員良好的敏感度（Sensitive），無論旅館或餐廳，在許多的場所，可以說察覺「客人現在的需求是什麼」就是工作。

不過現實的狀況，習慣於固定操作的程序，對於從許多顧客不同的動作與狀況察覺到他們是否有什麼需要，似乎多已經麻痺。

Hotel Man要全方位關照的同時，亦要能用心去察覺每一個客人的情況，提供不同的服務，即「見林亦要見樹」。

七、從業人員的禮貌是飯店服務的一部分

房務整理人員的點頭禮，能感受到旅館良好的訓練。當你住進飯店會常常碰到清潔房間的整理人員，有的會很禮貌地跟你點頭或說聲早安，亦有的會視若無睹。客人對她們的招呼是否都能給予溫暖的回答不得而知，相

信沒有人會對她們的招呼不感到好感。房務整理人員本身或許並沒有特別的感受，但是她們的招呼將構成旅館服務的一部分。

八、「勿使顧客感到羞恥」是最優先的考慮

客人的失敗要立即加以處理掩蓋，例如客人不小心掉落刀叉，侍者要立刻前來撿起，且不去騷動其他人，靜靜地處理。

九、EQ意識是Hotel Man的必須條件

情緒指數（Emotional quotient）是Hotel Man應具備的應變意識。

EQ是：能理解對方言外之意的意識。

EQ是：並不是去答覆對方的話，而是能夠應答對方之心的意識。

EQ是：能調和自己與對方立場的意識。

EQ是：能替對方思考的意識。

EQ是：無法計量的東西，能把握定性的意識。

EQ是：不問交涉對方如何，只重視彼此心與心的交流。

EQ是：人類感情的駕馭技術之意識。

EQ是：自己的「強與弱點」能客觀自覺的意識。

EQ是：能將感情衝突緩衝化的自我「感情處理技術」的意識。

EQ是：能表現自己「適度演出」的意識。

十、臨機應變，不要成為服務機器人

不成為服務機器人，上述EQ意識特別的重要。茲舉一例加以說明：某家旅館有旅客感冒發燒，因為第二天有重要的工作，打電話到櫃檯這樣說：「如果有感冒藥，想要一包……」，對方無法立刻給予答覆，把電話掛斷。不久有位女職員再打電話過來，好像自認很有自信的女職員，很肯

定地說：「旅館依照《藥事法》不能提供藥物，在本旅館的附近有藥局，請到那邊去購買。」這種回答實在沒有一點EQ意識，更犯了作為Hotel Man決定性的錯誤。儲存藥物賣給旅客是違法行為，但是應旅客的要求提供服務的方式可以斟酌。應該進一步說：「如果您有指定的藥物，我們可以前往藥局代買回來奉上。」叫已經發燒的旅客，「再次穿上衣服，自己去買藥回來」，這種應對實難令人想像是旅館從業人員的感覺。這種人只有稱他為服務機器人矣。

十一、要從回答提升為應答有行動的Hotel Man

若回答只是口頭上就完了，但是應答不只是口頭上的服務（Lip service），要有行動的需要，如前項的例子，前者只是回答而已，後者是對你的問題有應答。

以上只是一個例子而已，無論要做什麼事情，旅館從業人員非具有能夠應答旅客之心不可。否則，你就是選錯行，最好離開這個職場。

現實的情況，對於應答敏感度已經遲鈍的旅館從業人員不少，你是感動派？無感動派？如果自認是後者，勸告你要自己好好檢討。

自我評量

1.旅館服務品質內容中，無形的商品為何？

2.旅館服務品質具有哪些特點？

3.SERVQUAL中服務品質之衡量構面及組成變項為何？請簡述之。

4.Hotel Man應具備哪些情緒指數（EQ）？

第十章

航空業服務品質管理

摘　要

航空業在我國對外交通上，扮演一個極爲重要的角色。其產品較複雜，需求與供給易受經濟景氣，以及政治、社會等外在環境之影響。產品特性可歸納爲數項：1.抽象性、2.不安定性、3.無法儲存性、4.勞務密集性、5.嚴控性、6.價格彈性、7.季節性、8.競爭替代與難以取代性、9.供應僵硬性、10.公共服務性、11.政府管制性。

航空公司服務品質之評估據蔡桂妙（2001）將彙整成34項屬性、歸納出7項因素：1.有形性因素、2.反應力因素、3.效率性因素、4.可及性因素、5.配合度因素、6.競爭力因素、7.推廣力因素。

在現今消費者市場及顧客導向之行銷趨勢下，航空業應努力之方向如下：1.主管階層管理之加強、2.加強空服員之訓練、3.加強飛安管理、4.提高班機準時率。

近幾年來臺灣與國際商務往來密切，再加上休閒旅遊風氣日盛，促使國人出國人數逐年攀升，而出國者多以搭乘飛機為主，航空運輸在我國對外交通上，扮演一個極為重要的角色。

由於民國七十六年政府宣布「開放天空」政策，再加上消費者意識抬頭，促使臺灣地區的航空市場競爭日益激烈，而航空公司為了迎合外在環境的變遷以及同業間的競爭之下，「服務品質」便是影響消費者搭乘該航空公司班機決策的重要考量因素，所以加強服務品質管理乃是航空公司擴大其市場占有率與增進競爭力的途徑。

第一節　航空業的特性

航空業由於性質特殊，其產品也較複雜，需求與供給易受經濟景氣、政治及社會等外在環境之影響，茲將產品特性歸納以下各項。[1]

一、抽象性

航空運輸所提供的產品非常抽象且種類繁多，顧客在購買前無法看到，也不能試用，只能假設一切服務在正常運行的情況下得到滿足，如果產品缺貨或有瑕疵，也無法臨時補貨或退換貨。

二、不安定性

貨品製造商在正常條件下雖然可暫時確保產品的安全，但卻無法保證產品永久的安全，由於航空公司飛行受天候變化、人為操作、機械運作、機身結構及儀器操控等不確定因素影響，雖然其意外事件比率不如其他交通工具高，但一旦發生意外，人員存活率低，死傷人數非常高，對搭乘飛機的旅客形成強大的壓力，不少人會產生所謂的搭機恐懼症或幽閉恐懼症。

三、無法儲存性

航空產品不像一般產品可以保存或儲存。當航空產品一旦製造，就必須按照製造時間同時去消費，若班機中的座位沒有賣出，就形同損失，所以損益平衡點及平均載客率是每一條航線的經濟評估重點，以確保這條航線

[1] 張瑞奇（1999），《航空客運與票務》，揚智文化公司，pp.16～18。

沒有座位過剩或不足的現象發生。

四、勞務密集性

航空產品有服務業的特性，必須提供大量的人力以滿足旅客的需求。其產品特別重視人的品質及訓練，旅客由買機票、辦登機、機上餐飲享用到抵達後行李之領取，均需良好及密集的人力服務，其中任何一個環節出錯，馬上會造成顧客的抱怨。

五、嚴控性

安全是空運的最高指導原則。在飛航中，只要有微小的失誤都可能造成重大生命及財產的損失，所以任何國家對其航空公司的核准及監控非常嚴格，航空公司及飛機製造商為自己利益考量，對安全措施也有很高的要求，駕駛員在操控飛機時必須完全依照飛行安全檢查及程序小心操作，飛行員也必須定期接受身體檢查，以確保身體狀況良好。

六、價格彈性

航空公司的成本以固定成本為主，加上少量的變動成本。固定成本含人事費、飛機折舊費、管銷成本、燃料成本、機場租金、起降費。變動成本含每增加一位旅客所產生之邊際成本，如旅行社佣金。航空公司必須試圖將所有機位賣出以降低總成本，乃利用折價來吸引不同背景的消費者及提早購票者，同時，空運產品季節分明，淡旺季明顯，業者不能坐以待斃，價格一致，需提出有效率方案，將產品畫分，針對市場機能，將產品價格作彈性調整，以低價促銷淡季機位，在旺季漲價以彌補淡季的虧損。

七、季節性

航空的需求受到時間季節影響，很難有高平均的載運率，定期航線以固定假日及七、八、九月為旅遊旺季。在每週的七天中因國情不同，需求也各有不同，在商務旅行盛行的地區以週一至週五的需求最盛，週末及週日反而少。在渡假地區的航線正好相反，渡假的旅客以週末為渡假旺季，機位反而難求，至於每日的需求，以早晚為多。航空公司基於服務原則、大眾利益以及社會要求，仍需於淡季時段提供定期班機，雖然不符合經濟效益，但政府相對地也會核准航空公司提出較高的票價。

八、競爭替代與難以取代性

距離愈近，旅客改搭其他交通工具的機會愈高，彼此互為替代之可能性相當大；但距離遠，則非空運莫屬。空運講究時效、快速，距離遠已不再是阻礙旅行的問題，空中交通可將任何人或物送到地球的任一角落，使地球的面積變小、國與國之間的疆界消失、人與人的接觸增加；雖然通訊科技的進步可讓人類藉由視訊面對面洽談，但仍無法降低人員空中交通的需求，也非速度緩慢的陸上、海上交通所能取代。

九、供應僵硬性

航空公司所提供定期航線的數量不具彈性，即使訂位人數不多時，仍有義務按時飛行，不得和別家航空公司合併或使用小型飛機。在旺季時，對需求量的大增調整能力差，主因在飛機的載運量僵化，於短時間內較難改變，換機型增加座位會造成機隊的調整困難，並需考量機場設備的不足，如跑道長度太短、增加飛行班次找不到起降空間及時段（Runway and terminal slots）讓飛機起降。

十、公共服務性

著眼於社會大眾公共需要為前提，而不能單純以牟利為目標。例如航班變動或機員罷工停飛，立即造成大眾不便，引起社會的關注。

十一、政府管制性

運輸業有異於一般工商企業之管理，基於本業之投資龐大與折舊高之特性，以及國家政策之考量，政府必須在「政策」、「業者」、「消費者」三者之間保持兼顧的立場，所以舉凡業者之加入、中止營業、退出營業地區，與項目、運作、財務、服務水準、利潤、設備等，無不在管制之內，因此，又可以稱是一種「受管制的事業」（Regulated industry）。

第二節　航空公司服務品質之評估

航空公司服務品質評估架構可以分為三層，第一層是標的層，第二層乃服務構面層，共五個構面，第三層是準則層，係由上述之五個品質構面衍生而來，共有評估準則15項（圖10-1）。

再以華航對服務品質查核的實例加以說明航空公司對服務品質管理上的要求項目（表10-1）。

又蔡桂妙（2001）將航空公司服務品質要素重要因子彙整成34項屬性，歸納出有形性、反應力、效率性、可及性、配合度、競爭力、推廣力等7項因素，所包含之描述如下：

因素一：有形性因素

1.座艙的舒適性。

2.機上娛樂節目及設施。

3.班機時刻安排。

4.提供機上中文服務。

5.機上餐飲。

6.轉機便利。

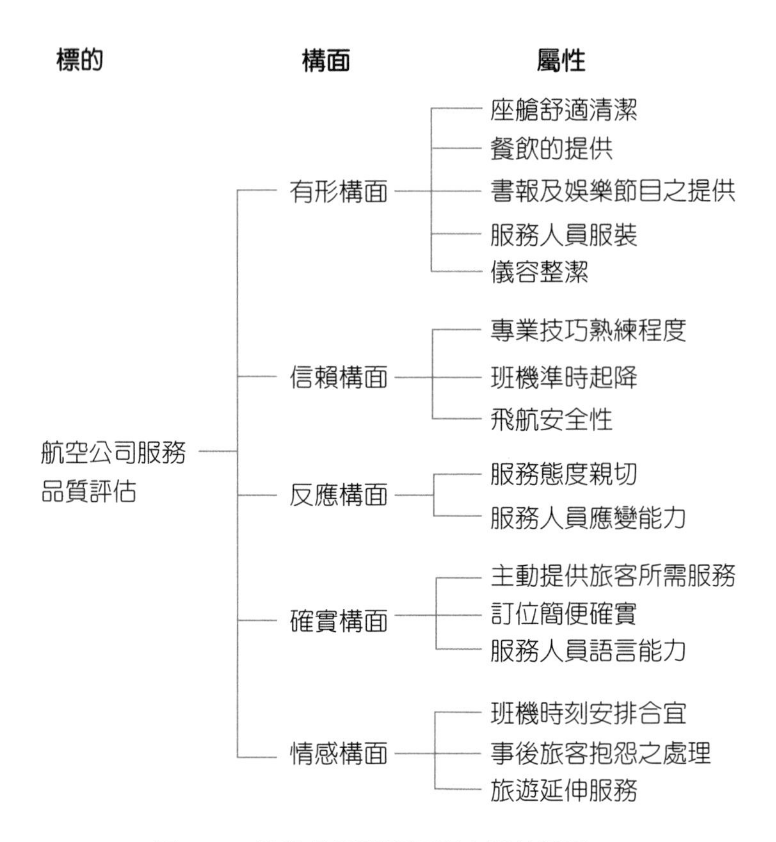

圖10-1　航空公司服務品質之評估項目

資料來源：黃明玉（1996），〈航空公司服務品質評估之研究〉。中國文化大學觀光研究所碩士論文。

表10-1　服務品保單位查核表

查核項目	12'01 (%)	01'02 (%)
劃　　位：排隊時有外櫃檯服務人員協助報到	80.6	82.5
有頭等艙、華夏艙專屬報到櫃檯	93.8	96.4
頭等艙排隊時間3分鐘以內	77.4	84.9
華夏艙排隊時間5分鐘以內	87.9	89.7
經濟艙排隊時間10分鐘以內	93.9	98.0
辦理手續時間（4分鐘以內）	62.1	69.9
微笑問候並表示歡迎之意	97.0	96.6
服裝儀容整潔	99.8	99.3
詢問座位喜好	84.7	86.7

F/C行李加掛專屬行李掛籤	97.2	96.2
要求托運行李加掛名牌	90.8	87.6
告知確切座位號碼	95.1	94.2
告知登機時間	97.0	97.2
告知登機門號碼	97.0	97.9
詳細點交護照、機票及托運行李收據	96.3	97.3
道謝、祝旅途愉快、說再見	95.3	94.5
報到時已知班機將延遲起飛	12.5	13.0
主動告知班機延誤原因	79.7	81.4
候 機 室：班機延遲起飛（臨時通知）	14.9	16.8
主動廣播告知班機延誤原因	88.4	87.6
服裝儀容整潔	99.6	99.8
微笑致意並表示歡迎／歡送之意	97.9	98.2
登機廣播內容清楚明確	99.1	97.7
登機廣播音質清晰	98.9	97.5
勸導旅客將過大行李交付托運	97.8	99.2
登機時，依照規定次序陸續上機	95.2	97.1
空 服 員：微笑致意迎接您登機	99.7	99.8
服裝儀容整潔	100.0	100.0
主動指引座位方向	97.9	97.7
協助放置手提行李及衣物	95.5	96.5
協助行動不便、高齡及攜嬰旅客就座	99.8	99.8
對您的需求及時回應	99.3	99.4
經常收拾垃圾雜物，回收報紙、雜誌	97.0	96.6
視需要協助填寫入境表格	98.1	97.9
空 服 員：飛行途中常保笑容	98.5	97.9
微笑致意歡送您離機	99.9	99.6
帶領並協助您入座（F/C）	95.9	94.9
飛行途中尊稱旅客姓氏或頭銜（F/C）	98.0	99.1
座 艙 長：飛行途中巡視客艙	96.6	95.9
餐點飲料異常	1.8	1.7
閱讀刊物：當期出版	100.0	99.3
外觀完好	99.5	98.7
視聽娛樂設備異常	5.2	5.1

客艙整潔：客艙內壁及行李櫃外觀	99.9	100.0
洗手間	98.8	99.5
地板／地毯	99.9	99.3
座椅、餐桌、前座椅袋等	98.8	99.5
行李提領：依F/C/Y順序送達提領轉盤	97.9	97.7

資料來源：中華航空服務品保室提供。

7.班次多寡。

8.熱心贊助公益活動。

因素二：反應力因素

1.飛航事故處理態度。

2.危機處理能力。

3.客戶申訴及抱怨的處理能力。

4.航空公司聲譽及形象。

5.訂位更改方便。

因素三：效率性因素

1.機場櫃檯人員的禮儀及服務態度。

2.空服員的禮儀及服務態度。

3.訂位／開票人員的禮儀及服務態度。

4.班機準時起降。

5.班機故障及意外率。

因素四：可及性因素

1.提供包機業務。

2.航點安排。

3.與其他航空公司策略聯盟合作。

4.飛機機型。

因素五：配合度因素

1.提供旅行社之機票的交易價格。

2.提供旅行社之佣金條件。

3.航空公司與相關主管單位的公共關係。

4.提供旅行社之付款方式及條件。

5.配合旅行社出團量支援機位。

因素六：競爭力因素

1.提供旅行社票務人員相關訓練。

2.勞資關係和諧。

3.積極拓展航線。

4.機票的票面價格。

因素七：推廣力因素

1.對消費者舉辦促銷及優惠活動。

2.對消費者廣告及宣傳。

3.航空公司所屬國籍。

第三節　服務品質管理之措施

在現今消費者市場及顧客導向之行銷趨勢下，提升服務品質乃是航空業應努力之方向。

一、主管階層管理

決策主管為經營公司，負責營運成敗之關鍵者，亦為政策發動者。企業經營必須將有關資料分析，提出策略品質計畫，以現有之人力資源充分開發、管理，在執行過程中全面品質管制，以期達到品質無缺之境界。

在現今消費者市場及顧客導向之行銷趨勢下，航空公司主管應就旅客需求，針對本身缺失或不足盡速調整改進。諸如工作派遣彈性化、獎懲制度公正化、教育訓練定期化、服務作業標準化、娛樂節目、餐點設計、各單位合作協調、定期調查員工意見，都為管理方式修正之參考。

二、空服員管理

空服人員乃是站在航空公司服務旅客的最前線，因此旅客對於航空公司的觀感，受服務人員態度影響頗多，所以要想提升服務品質，除了應熟悉標準作業流程外（表10-2），更應加強語言能力、應對技巧訓練，培養服務熱忱、真誠親切的待客態度。良好的空服員不但贏得旅客的讚美，更能直接提升航空公司的形象。

三、加強飛安管理

旅客搭乘飛機旅行，最受重視的莫過於「生命安全」。因此不論民航管理當局或航空公司，都把乘客之安全列為飛安措施的重點。

為了加強飛安措施，確保乘客之安全，列舉下列各點供參考：

㈠作業程序合乎標準

世界各國為了確保乘客安全，都訂有各種飛安的作業程序標準，所以為了安全，最基本的要求是要合於這些規定。發現缺失及時改進。

㈡防火設施有待改進

飛機失事時，經常相隨而來的是起火燃燒。如座墊改用不易燃燒的質料，洗手間安裝煙火偵測器。

表10-2　客艙服務程序計畫表

TPE/BKK　FLT TIME＿＿：＿＿

STD：12：35 (TPE TIME)　STA：15：25 (BKK TIME)

BKK/TPE　FLT TIME＿＿：＿＿

STD：16：25 (BKK TIME)　STA：20：55 (TPE TIME)

影視放映程序	作業時機	服務程序	備註
Video Test	On Ground	地面檢查／準備作業（Ground check & preparation）	*請按「機種作業須知」執行 **廚房人員填寫「艙等事務記錄表」
Boarding Video	Boarding	地面服務作業（Ground SVC）&起飛前檢查作業（Check）	*請按各艙等「空中餐飲服務須知」作業 **Demo後請按「機種作業須知」執行
Demo Video	Pre Take Off		
NO VIDEO	0：00	TAKE-OFF＿：＿	請於左項填入起飛時間供參閱
Airshow 每日空中新聞（Daily news）		雞尾酒服務（Cocktail SVC）	*C/CL繼續未完成之Cocktail order並按「空中餐飲服務須知」規定時間送出雞尾酒 **繼續未發完之用品 ***C/CT發完耳機後即開始放映Video
免稅品促銷片（Duty Free Video）	1：20	發送菜單（Menu distribution）	*促銷片錄製在Demo帶後段，放映時機為第一部電影放映前。
MOVIE		Cl-695午餐服務（Lunch） Cl-696晚餐服務（Dinner）	#餐點服務時間不得晚於左列時間 *執行餐點服務簡報 **請按各艙等「空中餐飲服務須知」作業
		免稅品銷售服務（Duty Free Sales）	#請按「空服員值勤記錄表」登錄洗手間清檢作業
短片30分（Shorts/30mins）		發放入境表格（CIQ Forms）	表格可配合免稅品銷售服務時機發放，協助填寫表格。
	0：40	*飲料服務（Drinks SVC） **發放問卷調查表（Survey）	
*停止發映所有影片（Stop film）	Descending	收耳機／問卷／預購單（Collect headset etc.）	*未使用過的耳機集中放置明顯處供續用 **回收洗手間、客艙各項用品及填妥清單
**Airshow	Approaching	落地前檢查作業（Check）	請按「機種作業須知」執行
NO VIDEO	0：0	LANDING＿：＿	請於左項填入落地時間供參閱
Boarding Video	Aft Landing	離機前作業	請按「機種作業須知」執行
☆Boarding Video放映時機為旅客登機時段及Taxing-in＆旅客下機時段。 ☆本表應張貼於各廚房明顯處供組員參閱，飛行時間、起飛及落地時間由廚房人員負責填寫。			

資料來源：中華航空公司。

(三)慎觀天氣迴避風切

在飛行途中，較難預料的困擾是天氣的變化，尤其是低空「風切」[2]對飛行安全具有很大的威脅。世界許多機場也逐漸設置氣象雷達，隨時注意機場天氣之變化，俾便提醒飛行員注意。

(四)地面機上密切聯繫

機場地面安全必須隨時注意，否則亦能造成意外事件，因此地面與機上必須保持密切聯繫，才能避免意外發生。

(五)乘客本身注意安全

在飛安管理上旅客也應負些責任：

1. 在飛機起飛前聆聽空服員的救生說明，諸如如何扣緊安全帶、如何穿著救生衣、如何使用氧氣面罩，以及緊急出口的位置……等等。
2. 飛行途中仍然盡量扣好安全帶，以免突然的亂流，可減輕傷害。
3. 如果是帶孩童及嬰兒隨行，應事先詢問空服員是否可使用自備的座椅。
4. 在機上飲酒應該適可而止。

(六)出勤組員全神貫注

駕駛的過度疲勞也會影響飛安，為了飛行安全，各國民航局大多對飛行員的出勤時間、落地次數等，都有嚴格的限制。組員的精神是否飽滿以及注意力是否集中，直接會影響到飛行的安全。因此駕駛員一上飛機執行任務，必須聚精會神、集中注意力才不至於誤事。為了養精蓄銳，飛行員在出勤登機之前，必須有充分的休息。

[2] 所謂「風切」，是指水平或垂直短距離間「風向量」（Wind vector）之變化。簡言之，是風速與風向在短距離內突然改變的現象。

四、提高班機準時率

現代的工商社會，「時間」就是「金錢」，班機的延誤，等於浪費了乘客的時間。如果班機經常誤點，可能造成旅客許多不便，會使旅客留下不良的印象，大大的減低旅客再度搭乘的意願，無形中失去許多票源。所以班機的準時與否，也是決定營運成敗的因素之一。

為了防止班機延誤，首先要由提高「作業準時率」著手，之後才有可能進而提高「服務準時率」。為了達到「準時」的目的，提供下列辦法供參考：

1.嚴明紀律發揮群力

航空公司的各項業務都靠「人」來推動，而防止班機延誤無法僅僅靠少數人的力量來達成。必須發揮群體的力量，通力合作，才能收到效果，而達成這個要求需要有良好的團體紀律。

2.營業班表編排合理

編排時間表時，在業務方面，當然以適合市場競爭的時間為首要。但是要考慮到沿途各站轉接旅客的方便。在航務方面，要適應於各地的民航飛行限制，許多機場訂有宵禁的時間，班機當然要在限定的時間內起落。在機務方面，要考慮各機種臨時及定期修護的時間。故在編排飛行班表之時，就要充分協調各部門的意見，以免公布之後實施起來困難重重。

3.事前準備事項檢討

預測作業流程中的各種狀況。例如在訂位客滿情況下，可能會造成報到櫃檯擁擠現象，應事先安排加開櫃檯、加派人力。貨多時，事先注意能否及時通關及裝載。因此當班的督導員若能在事先作工作重點揭示或簡報，都能減低班機延誤。萬一造成班機延誤，也要虛心檢討改進。

4.掌握狀況當機立斷

世界上準時率高的航空公司都有完善的通信系統，「聯合管制中心」對班機的動態瞭如指掌。也唯有掌握狀況，才能有效的指揮班機運行。

5.發現癥結徹底改進

對於班機延誤的原因，有更深一層的剖析，並加以徹底改進。

6.作業方法不斷改善

各站的情況不同，所以最好的作業方法是要適合當地的狀況才不會窒礙難行。不斷改善作業方法，更能保證班機的準時。

7.適當賞罰激勵員工

賞罰要適當，否則往往造成反效果，要特別注意。

提升服務品質，除了以上列述幾點之外，如機隊汰舊換新，都能增加對旅客的吸引力；「安全」的維護是航空營運的最高準則，除了「天災」造成的災害之外，對於「人禍」如劫機、破壞……等影響，仍不可掉以輕心。故安全檢查嚴密確實、洞燭機先、防患未然，都是必要的要求。

自我評量

1.航空業的特性為何？

2.航空業劃位單位之服務品質查核項目為何？

3.空服員之服務品質查核項目為何？

4.在飛安管理上旅客也應負哪些責任？

5.為了提高班機準時率，可以採取何種辦法？

第十一章

旅行業服務品質管理

摘　要

我國旅行業依「旅行業管理規則」區分爲綜合旅行業、甲種旅行業及乙種旅行業三種。從經營型態與職能之不同，可以分爲出國旅遊業務、接待來華旅客業務、航空票務、國民旅遊安排業務、聯營等五種。

旅行業具有幾項特質：1.源於服務業之特質有：(1)不可觸摸性、(2)無法儲存性、(3)勞力密集性、(4)重複性、(5)同質性。2.相關產業居中之結構地位之特質有：(1)相關事業體僵硬性、(2)需求的不穩定性、(3)需求之彈性、(4)需求之季節性、(5)競爭性、(6)專業性、(7)互補性。

旅行業實施全面品質管理，應從三個層面加以實施，即旅客未出發前與業務人員接觸時、旅客在旅遊中由領隊與導遊人員所呈現的服務。

一、業務人員向有意旅遊的顧客提供的情報要新鮮、正確、適時；服務人員的態度要親切、正確、迅速。

二、導遊人員應有卓越的才能、高超的情操修養與道德修養。

三、領隊人員要具備豐富的專業智能，與旅客建立良好的人際關係，爲旅客的權益著想，保持良好的健康，不斷充實自己，爲維護公司的形象與將來的販賣促進而努力。

旅遊業普遍被認為是本世紀最主要且最有展望的產業，各國無不重視並積極加以推展。因為發展旅遊業除了經濟利益之外，能加強人與人之間的交流，提升國家的知名度。而旅行業扮演著重要的推手，可以說是發展旅遊業之核心。

旅行業除了需要有健全的組織、周密的計畫與正確而高效率的作業能力之外，最主要的是要有好的服務品質，才能讓旅客滿意，建立口碑，在市場上占有一席之地，「服務品質管理」則為旅行業的生命。因此，旅行業都應當把提高服務品質作為企業經營管理的重要目標。

第一節　我國旅行業之分類

一、我國旅行業法規上之分類

我國自民國七十六年十二月十五日，交路發字7641號令重新修正《旅行業管理規則》，於民國七十七年一月一日實施，將旅行業全面開放申請設立，提高營業資本總額、保證金以及提升經營人員的素質。根據中華民國八十四年六月二十四日，交路發字第88432號令修正發布之《旅行業管理規則》第二條規定，旅行業區分為綜合旅行業、甲種旅行業及乙種旅行業三種（表11-1）：

㈠綜合旅行業

1. 資本總額：不得少於新臺幣2,500萬元。每增加一間分公司需增資新臺幣150萬元。
2. 保證金：新臺幣1,000萬元。每增加一間分公司需新臺幣30萬元。
3. 履約保險投保金額：不得少於新臺幣4,000萬元。每增設一間分公司，應增加新臺幣200萬元。
4. 專任經理人：不得少於四人。每增加一間分公司不得少於一人。

表11-1　2013年5月旅行業家數統計

	綜合		甲種		乙種		合計	
	總公司	分公司	總公司	分公司	總公司	分公司	總公司	分公司
臺北市	81	50	1074	61	13	0	1,168	111
新北市	1	34	64	9	13	1	78	44
桃園縣	0	37	123	22	18	0	141	59
基隆市	0	2	4	1	2	1	6	4
新竹市	0	19	37	13	6	0	43	32
新竹縣	0	5	18	7	0	0	18	12
苗栗縣	0	6	25	9	2	0	27	15
花蓮縣	0	6	15	5	5	0	20	11
宜蘭縣	0	7	21	4	10	1	31	12
臺中市	3	67	231	70	17	4	251	141
彰化縣	0	12	49	8	3	1	52	21
南投縣	0	3	19	7	2	0	21	10
嘉義市	0	15	32	13	6	1	38	29
嘉義縣	0	1	6	1	5	0	11	2
雲林縣	0	4	18	2	3	1	21	7
臺南市	2	36	119	30	10	0	131	66
澎湖縣	0	0	26	8	38	0	64	8
高雄市	17	56	238	64	17	1	272	121
高雄雄	0	0	0	1	0	0	0	1
屏東縣	0	7	12	6	3	1	15	14
金門縣	0	0	17	14	0	0	17	14
連江縣	0	0	4	3	0	0	4	3
臺東縣	0	2	6	4	19	0	25	6
總　計	1041	369	2,158	3652	192	12	2,454	743

資料來源：交通部觀光局。

5.經營業務：

(1)接受委託代售國內外海、陸、空運輸之客票或代旅客購買國內外客票、托運行李。

(2)接受旅客委託代辦出、入國境及簽證手續。

(3)接待國內外觀光旅客並安排旅遊、食宿及導遊。

(4)以包辦旅遊方式，自行組團，安排旅客國內外觀光旅遊、食宿及提供有關服務。

(5)委託甲種行業代為招攬前款業務。

(6)委託乙種行業代為招攬第四款國內團體旅遊業務。

(7)代理外國旅行業辦理聯絡、推廣、報價等業務。

(8)其他經中央主管機關核定與國內外旅遊有關之事項。

(二)甲種旅行業

1.資本總額：不得少於新臺幣600萬元，每增加一間分公司需增新臺幣100萬。

2.保證金：新臺幣150萬元。每增加一間分公司需新臺幣30萬元。

3.履約保險投保金額：不得少於新臺幣1,000萬元。每增設一間分公司，應增加新臺幣200萬元。

4.專任經理人：不得少於二人。每增加一間分公司不得少於一人。

5.經營業務：

(1)接受委託代售國內外海、陸、空運輸之客票或代旅客購買國內外客票、托運行李。

(2)接受旅客委託代辦出、入國境及簽證手續。

(3)接待國內外觀光旅客並安排旅遊、食宿及導遊。

(4)自行組團安排旅客出國觀光旅遊、食宿及提供有關服務。

(5)代理綜合旅行業招攬前項第五款之業務。

(6)其他經中央主管機關核定與國內外旅遊有關之事項。

(三)乙種旅行業

1.資本總額：不得少於新臺幣300萬元，每增加一間分公司需增資新臺幣75萬元。

2.保證金：新臺幣60萬元。每增加一間分公司需新臺幣15萬元。

3.履約保險投保金額：不得少於新臺幣400萬元。每增設一間分公司，應增加臺幣100萬元。

4.專任經理人：不得少於一人。每增加一間分公司不得少於一人。

5.經營業務：

(1)接受委託代售國內海、陸、空運輸之客票或代旅客購買國內外客票、托運行李。

(2)接待本國觀光旅客國內旅遊、食宿及提供有關服務。

(3)代理綜合旅行業招攬第二項第六款國內團體旅遊業務。

(4)其他經中央主管機關核定與國內旅遊有關之事項。

二、我國旅行業經營型態與功能分類

國內旅行業依據法規之分類為綜合、甲種與乙種三類，然而，實際上為了滿足旅遊市場消費者之需求，以及配合本身經營能力之專長、服務經驗和各類關係之差異而拓展出不同的經營型態。

旅行業之間雖然有所競爭，但互相配合的空間日益增強。尤其在「策略聯盟」（Strategic alliance）的結合運用上更是值得關注。

目前我國國內旅行業經營的業務，可歸納為：出國旅遊業務（Outbound business）、接待來華旅客業務（Inbound business）、航空票務（Ticketing）及國民旅遊（Local excursion business）等四大類業務為主。由此而衍生旅行社各種經營內容與職能上不同型態。

(一)出國旅遊業務（Outbound Business）

海外旅遊業務目前在我國旅行業業務中，已遠遠超過接待來華旅遊業務，約有90%以上之旅行業以此為其主要經營業務，茲將目前市場之現況分述如下：

1. 躉售或批售旅行社（Tour Wholesaler）

係綜合旅行業的主要業務，以籌組海外團體套裝旅遊行程（Ready made package tour）為產品主力，自訂「團體名稱」逕向同業招攬個別旅客（Foreign Individual Traveler, FIT）而形成團體旅遊（Group Inclusive Tour, GIT），在理論上並不直接銷售給消費者，但是目前多是兩者兼營。該類旅行業以行程設計力及量販銷售機動力要強，是為其特色。

2. 自產自銷之直客旅行社（Tour Operator Direct Sales）

為一般甲種旅行業經營之業務，以現成式的遊程或依據旅客的需求而安排「訂製式遊程」（Tailor made tour），以本公司之名義直接招攬業務，一般稱為直售（Director sale），並為旅客代辦出國手續，自行聯絡海外旅遊業，一貫作業的獨立出團；亦銷售Wholesaler之產品。並為旅客購買國內外機票，代客辦理簽證及代訂國內外旅館等旅遊相關業務。直接對消費者服務為其主要之特色。

3. 代銷之零售旅行業（Retail Travel Agent）

大致上不做籌組之工作，除非整團承攬，否則多為代銷現成產品，經營之機動性高。例如商務旅客、國內機票、國際旅館之代售為其主要業務。

4. 外國旅行業在臺代理業務

國內出國旅遊日盛，國外旅遊之接待旅行社（Ground tour operator）來華尋求商機和拓展其業務，為了能長期發展及有效之投資，委託國內之旅行業者為其在臺業務之代表人，由此旅行業來作推廣工作。

5. 代辦海外簽證業務中心（Visa Center）

處理各團相關簽證，無論是團體或個人均需要相當的專業知識，也頗費人力和時間。因此一些海外旅遊團量大之旅行社，往往將團體簽證手續委託給此種簽證中心處理。尤其是長天數之歐洲團，所涉及的簽證國家較多，對出團之業者來說工作壓力頗重，又集中零星件數統一送件來節省各家旅行社在經營規模不一的情況下，為簽證辦件量不足的煩惱，因此簽證中心之業務就因應而生。

6.海外旅館代訂中心（Hotel Reservation Center）

為因應同業與旅客間業務之寬廣，致力於世界各地方的特定旅館爭取優惠價格並訂定合約後，再銷售給國內之同業或旅客。消費者付款持「旅館住宿憑證」（Hotel voucher）按時自行前往住宿。在商務旅遊發達下的今日，的確帶給商務旅客或個別旅行更方便的服務。

㈡接待來華旅客業務（Inbound Business）

接受國外旅行業委託，負責安排與接待來華旅客觀光旅遊為主要業務，民國六十八年我國未開放國人出國觀光之前，係我國旅行業之主要業務。一般還有依接待國別而分為歐美、日本、大陸、韓國及僑團之類別。

㈢航空票務（Ticketing）

1.航空公司總代理

所謂總代理之權源自General Sales Agent（簡稱GSA），意謂航空公司授權各項作業給在臺之業務推廣的代理旅行社，也就是航空公司負責提供機位，GSA負責銷售之總責，一般以離線（Off-line）之航空公司為常見之型態，或是一些航空公司僅將本身工作人員設置於旅行社中，以便利作業，來節約經營成本和節制管理流程，但亦有由航空公司授權予旅行社、全程以航空公司型態經營。

2.票務中心（Ticket Center）

逕向各航空公司以量化方式而取得優惠價格，藉同業配合以銷售機票業務，一般稱為票務中心，或亦有以Ticket Consolidator稱之。

㈣國民旅遊安排業務（Local Excursion Business）

係乙種旅行業之經營業務，辦理國內旅客或團體，安排旅遊、食宿、交通或導遊等業務。除了與遊覽車公司配合之外，最近與航空公司或鐵路局或臺汽公司合辦假日旅遊組之團體。在政府積極推動國人正當休閒活動及發展觀光之政策定位，行政院在民國九十年八月初裁示，觀光事業將成為新政府在未來國家發展策略性的重要事業，交通部將目標訂定為打造臺灣由「工業之島」變成「觀光之島」，在三年內達成國民旅遊人數由目前每年八千多萬人次，突破為一億人次。自從實施週休二日，且國內公司行號及廠商之獎勵旅遊（Incentive travel）日增，國內休閒渡假觀念日盛，目前不少綜合旅行業亦專設一個部門操作國民旅遊業務，確實發展迅速。

㈤聯營（PAK）

PAK為旅行社聯營之俗稱，是旅行社相互之間共同經營推出由航空公司主導，或由旅行社參與設計的旅遊產品而言。前者多為財務健全的甲種旅行業，而後者則是航空公司與躉售旅行業有良好的合作關係而衍生的聯營。總而言之，交通運輸業以及當地住宿業與觀光資源的共同結合，針對不同特性而推陳出新PAK旅遊產品。

上述五種原則上的分類，在實際經營上，因公司之組織規模、操作能力、經營理念上之不同，可能同時全部或部分出現於一旅行業的營業範圍中。

第二節　旅行業之特質

旅行業所銷售之商品為其所提供之「勞務」，而勞務是具有專業知識的人員，適時適地為顧客服務；其勞務無法儲存，亦無法驗貨，亦不能與服務主體之「人」分離。而在同一時間內，同一人員無法分別同時在兩地服務。其特質分述如下。

一、源於服務業之特質

旅行業係指「為旅客代辦出國及簽證手續或安排觀光旅客旅遊、食宿及提供有關服務而收取報酬之事業」，很明顯的，其主要的特質乃是服務，應屬服務業殆無疑問。所謂服務業，係指以人們的勞務作為銷售對象的產業，亦即憑著勞力、知識、技術，對個人或法人提供便利與服務的事業。

旅行業既屬服務業，則服務業的許多特性亦當為旅行業所同樣具備，歸納起來計有下列幾點：

㈠服務的不可觸摸性（Intangibility）

服務是無形的，即沒有樣品，無法事先看貨、嘗試，產品亦沒有一定的規格，品質很難獲得保證，需參加旅行之後才能加以評判其價值或功用。服務並不是追加於產品，而必須由服務才能把這種產品遞送給顧客。

且好惡隨心，對其評判亦無客觀標準。旅行社與旅客之間的糾紛，往往因之而起。因此旅行業爭取旅客主觀的好感，常重於其產品有形特徵的設計與講求。旅行業爭取市場，如何塑造「產品」的良好形象（Image），以及如何提高服務品質，行銷上不可忽視。

㈡無法儲存性（Perishability）

旅行業的商品乃是勞務的提供，勞務包括（勞力與知識）依附於提供者個人身上，是即時即地、隨時隨地向有需要的特定對象提供，而無法如其他商品的產製一樣，可以預估市場的消長與需求的大小預為製造，儲存備用或供過於求時停工留料減產，也無法將之包裝運送，以供異地使用。故其供應彈性甚小，因此淡季時人員閒置，無所事事，徒然消費人事費用；旺季時卻每每感到人手不足，在整個旅遊的生產過程中，使得服務人員如領隊、導遊與旅客間產生相當多的互動關係，導致旅遊品質的變異性及認知的差異性。如機位的賣出便是生產，而旅客也因為搭乘而產生消費行為；團體旅遊的旅客亦介入服務人員對其服務的過程，又構成一種不可分割性。故提供者與消費者的互動互依關係是一種特質。

㈢勞力密集性（Labor Intensiveness）

旅行業經營活動包括：產品規劃、銷售、團控、生產操作、收款結帳等，都是依賴人力，因此，較難有「操作面」的規模經濟。又現場工作人員於顧客的態度和舉止，影響來客的數量，並對營業額、獲利率均有很大的衝擊，因此，從業人員的教育、訓練勢必會對經營有絕對的影響。

㈣重複性（Repetitiveness）

旅遊業服務人員在工作的重複性上，有很顯著表象，如領隊、導遊人員的工作影響旅遊服務品質極大，但是長期帶團走同樣的行程、講同樣的話，經年累月下來亦難保每一次都表現一致的水準，相同的情形也發生在內勤人員。

㈤同質性（Parity）

許多旅遊產品，特別是運輸工具，實質上是相似的，具有同質性，競爭者亦提供同樣的基本產品；如飛機在航線上，設備、餐食甚至駕駛的訓練都沒有什麼差異性，一般旅遊產品並無獨占市場之專利。因此旅行業間，其固定成本自然有別，且無公平與慣性利潤，激烈競爭是屬必然。

如以上所述，旅行業是一種服務業，並具有與有形產品不同的特質，而旅遊服務多需要由人來完成，甚至無法用機械來替代，因此要旅遊業在市場上獲得成功，服務水準要更傑出，服務品質顯得更為重要，其努力的方向如下：

1.加強人力培育

旅行業乃以「人」為中心的事業，人不僅是服務的對象，亦是事業的資產。服務佳或服務惡劣的評價完全由顧客主觀決定，並以和別家比較作為判斷標準，於是從業人員的教育、訓練勢必會對經營有絕對的影響。

2.提升顧客滿意度

讓顧客的希望獲得滿足的行動和態度，對旅遊服務業尤其重要，顧客的滿意不只是你所提供的商品（旅程的配套硬體設施），其他如接待顧客的環境、從業人員的態度與服裝整潔感、服務熱忱等心理層面更加重要。即所謂Q（Quality）、C（Cleanliness）、S（Service & Safe）、M（Manner，亦有解釋為Maintenance）。

3.使服務的功能具體化

在旅遊業實施作業標準化、價格透明化、產品商品化與多元化，以達到銷售的目的。

4.努力追求具有創意的服務

即使相同的服務，依顧客不同，其評價也互異，因此貫徹市場導向的觀念，顧客至上、消費者中心、站在顧客的立場來思考經營方式，並努力追求具有獨創性的服務。

二、相關產業居中之結構地位的特質

旅行業實以代理觀光相關產業為基礎，故亦稱為旅行業代理店（Travel agent），其功能即為觀光事業的橋梁，連貫其相關產業的通路。其相關產業之種類與關係如圖11-1，並將其具有的特質敘述如下：

㈠相關事業體僵硬性（Rigidity Supply Component）

旅行業的上游事業中，主力為航空運輸業、住宿、餐飲業及遊憩事業等，均為龐大的企業體系，需費時耗資的開發與建設，該企業投資營建後，可改變經營方針的彈性較小，即使遇有突來的商機，也因空間短期無法擴充以增加容量，致使旅行業對上游供應無法確實掌握。如

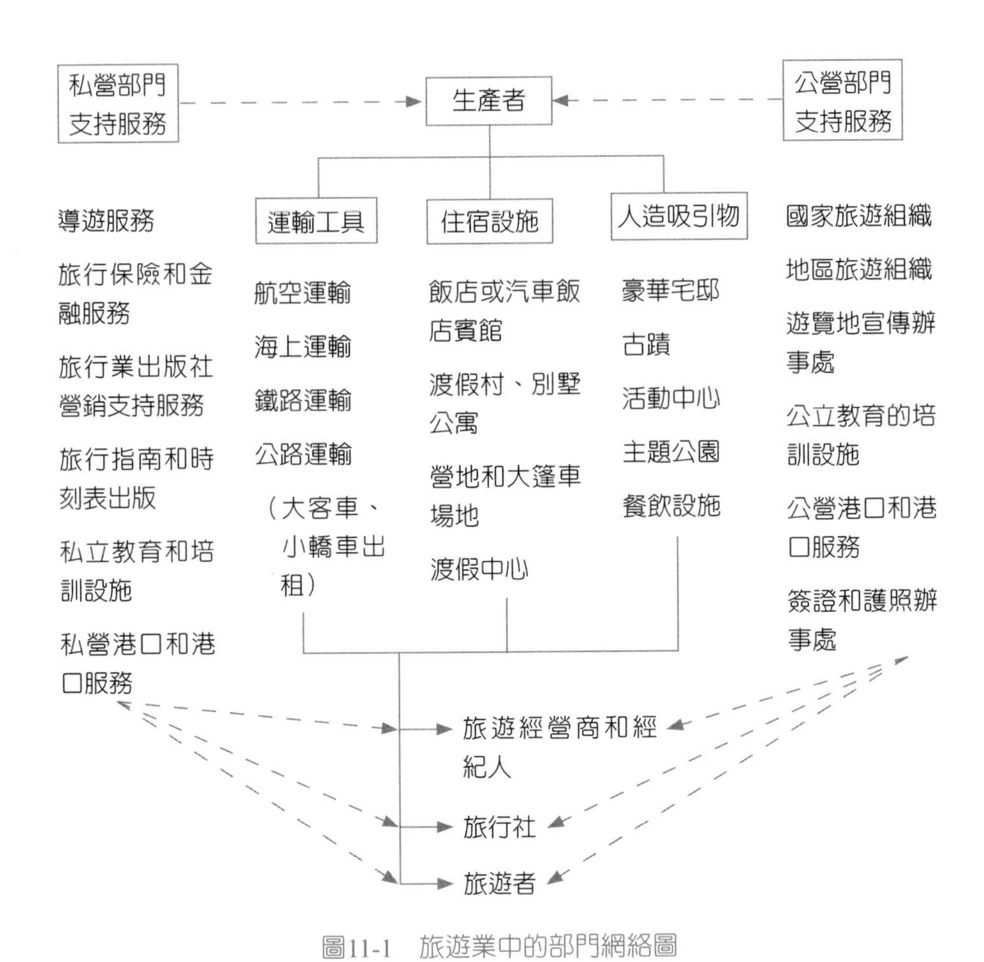

圖11-1　旅遊業中的部門網絡圖

資料來源：Holloway (1994), *The Business of Tourism*。

民國六十五年來華旅客突破百萬大關之後幾年，往往在旺季中產生一房難訂、一票難求等現象，而在投資興建上述旅行業資源時，需較長時間已緩不濟急，以致流失不少觀光客。此乃旅行業與相關事業體資源供應彈性的僵硬性。

㈡需求的不穩定性（Instability of Demand）

旅行業除與內在相關事業配合外，旅行活動的供需常受到國際間經濟、政治與社會等層面外在因素的影響。如貨幣之升貶值也直接影響到來華旅客或出國旅客的消長；觀光目的國的政治與社會之動盪、遭受天災霾害或因傳染病蔓延成為疫區的威脅等，均是無法事前預料，一旦發生只有停止運作，遂成為需求的不穩定性。因此，旅遊消費者對旅遊產品無所謂之絕對忠誠度。

㈢需求之彈性（Elasticity of Demand）

從旅遊需求產生條件分析，只有當旅遊需要表現出具有一定支付能力時，作為旅遊需求的基礎之旅遊需要才會形成經濟意義。也就是說，人們的旅遊需要與旅遊需求之間的轉換關係是建立在社會與經濟基礎之上；在一般條件下，旅遊需求不僅以旅遊需要為前提，也與滿足這種需要的支付能力和時間為條件。

例如所得高時願意購買較舒適昂貴之產品，失業時可能持較便宜的旅遊方式，甚至取消旅遊活動的機會，因此，對產品也有所彈性的選擇。當然一般消費者把旅遊視為非必要的經濟活動，而是有「餘力」、「餘暇」才去購買之商品，故常視自己當時的購買能力及產品之價格而選擇適合自己的消費方式，極富彈性。

㈣需求之季節性（Seasonality of Demand）

季節性使旅遊需求在一年不同時間受到變動，即所謂淡旺季。季節性通常可分為自然季節與人文季節，前者指氣候變化對旅遊所產生的高低潮，如國人春夏往歐洲地區較多，秋冬往日本賞楓或前往南半球的紐澳享受溫暖的假期較多；而人文季節則指各地區由於傳統風俗和藝文科技與慶典活動等，如巴西里約熱內盧每年之嘉年華會、西班牙的奔牛節所造成之萬人空巷之景象，我國每年寒暑假期間出國人數增加等。

因此為了旅遊產品因季節性的影響能增加營收，在淡季時強勢的促銷，以增長旅遊商機。最常見的方法是在淡季時降低價格以增加需求，另外的方法是舉辦各種特別的活動以克服季節性的需求，如日本北海道每年冬天舉辦雪祭、我國元宵節的燈會、夏天舉辦美食節活動，創造需求（Create the demand），改變季節性之限制，帶動旅遊事業的契機。

㈤競爭性（Competition）

旅行業結構中之競爭性主要來自兩方面，即上游企業之間相互競爭與旅行業間之競爭性。

1.上游企業間之相互競爭

(1)各種交通企業間之競爭：如美西團之洛杉磯到拉斯維加斯和舊金山之間的路程，是搭車或搭飛機？臺北到花蓮是搭飛機或坐火車？都是一種競爭的因素。

(2)各旅遊地區間之競爭：各國觀光局及民間觀光推廣機構，莫不傾力促銷其本身之觀光點，或建設新的旅遊點，如關島與塞班，都是以島嶼休閒為號召：紐西蘭與澳洲以田野風光大自然景色在臺灣推廣招攬旅客，都是很明顯的例子。

(3)航空公司間之競爭：各種特殊票價（Special fares）之推出，和以量化形式經營的銷售目標達成後的量獎金（Volume incentive）之提供，廣告之協助與提供，而有了所謂主要代理商（Key agent）的出現，航空公司彼此之間的結盟，都使競爭更趨激烈。

2.旅行業本身之競爭

旅行業為一仲介服務業，它無需龐大的資金，也無需廠房、機器、商店等設備，只要本身具有專業知識，並依規定申請經核准註冊即可，故開業介入容易，但相對的同業之間的競爭壓力則極大，此即為旅行業的另一特質。

(1)同業之間往往為爭取顧客，不惜削價求售，而降低旅遊品質，如此惡性循環，形成利潤競爭壓力，尤其以Inbound為甚。

(2)公司內有經驗能力之從業員工流動性偏高，一個優秀而熟練的從業人員，必須經過長期的磨練及其經驗累積，稍有成就，即為同業之間挖角而去，形成人事競爭壓力。

(3)旅遊資訊極易獲取，亦無固定之保障，對於旅遊新據點開發後，極易受到同業之抄襲，此一現象，在同業之間司空見慣不以為意，形成營運競爭壓力。

(4)旅遊銷售制度不良，旅行業為降低用人成本，多採取獎金制度或抽成制度，另外一些則允許非公司聘雇員工長期駐於公司內，以公司名義分擔費用、獨自作業，所招攬之旅客及旅費，經抽成後交由公司併團或付給公司租檯費、權利金，以公司名義自行出團，俗稱之為「靠行」人員，使合法業者成本增高，競爭日烈。

㈥專業性（Professionalism）

旅行業者，除了提供客人完整的服務及保障之外，其專業知識與技能更是旅行業永續經營之不二法門。

出國旅遊過程、來華旅客接待甚為繁瑣，所提供的旅遊服務涉及的層面廣，而其中每一項工作的完成均需透過專業人員之手，諸如出國手續之辦理、行程設計、資料之取得、第一線的接待服務，絲毫不能差錯。故法令規章明訂，旅行業組織經理人之名額限制，領隊、導遊人員需考試訓練合格才能充任。因此旅行業的經營，除需資金運轉外，專業人力為主要因素。

以行銷學「消費」與「生產」之間的銷售管道來看，用以促進產品與服務活動，稱之為行銷組合，其目的是利用各種行銷的專業活動及方法去吸引更多的旅客來達成銷售目標。而旅行業存在於觀光企業與旅客之間，其所負觀光事業行銷責任重大，尤其如今旅遊市場遼闊遍及全球各地，因此培訓專才，掌握優秀的人力資源，才能確保旅客的權益，也是旅行業的經營者必備之要件。

㈦互補性（Complementarity）

旅行業為一整合性之服務，其具有總體性（Inter-related）之特質，是一個集思廣益、群策群力的服務業。

旅遊地域環境各異，服務項目很多，以及旅客對服務質量之要求日益高漲。要準確且高質量地實現這樣的活動，需要極為複雜和細緻的安排與執行，除了旅行業內部之努力外，更需要相關企業之相互配合，建立起一個完整的供應接待網路，才能得到優質的服務。

旅行業所提供的服務既然無法讓顧客事先看貨，也不可能於使用不滿意後退換，其交易行為的形式，主要乃建立在「信用」之上。就旅行業而言，此一信用一方面是旅客的信賴，因為旅客通常要先付款換取他們看不到的服務承諾；另一方面是供應業（如旅館）的信賴。因為供應業憑信用先行提供服務然後收費。信賴取得全靠彼此之認識與了解，因此人際關係的運用乃成為旅行業爭取客源的主要手段，好的信譽亦是旅行業經營發展之道。

從上述旅行業的幾個特質可以看出，要開辦一家旅行社並不難，但要經營好一家旅行社卻非易事。經濟學家們預測二十一世紀的旅遊業仍然會持續發展，不過時代不斷地進步，旅遊科技之運用更是方興未艾，社會對旅遊之需求也變得更多元化，如何辦好旅行業，需要我們在既有的基礎上虛心學習，不斷努力展現我國旅遊事業在國際地位的新形象。

第三節　旅行業全面品質管理

旅行業所提供的產品即是規劃的旅遊行程，而顧客所認知的核心產品乃是由導遊（Inbound的旅遊行程），或領隊（Outbound的旅遊行程）所提供的核心服務。故旅行業的全面品質管理，可以從三個層面加以說明，即旅客未出發前會接觸到由業務人員所提供的服務，旅客在旅遊中由領隊或導遊人員所呈現的核心服務，茲分述如下。

一、旅遊情報提供

旅行業者的基本業務，首先從向有意旅遊的顧客提供情報（Information）開始。擔任該項工作者是公司的業務人員，產品之銷售應該是從此開始，是公司對顧客服務滿意度的第一線關鍵人員。

㈠旅行情報三要素

要使提供的情報成為有價值，必須具有下列三個條件：

1.提供的情報要新鮮

旅遊情報不但範圍廣且時時刻刻在變化，尤其是各地觀光景點日新月異，業務人員要廣為蒐集，充實該項知識，了解本公司各項產品的內容與特色，才能提供顧客最新的行程情報，滿足顧客的需求，達成營業之目標。

2.提供的情報要正確

所提供的情報必須要正確，因為依據該情報展開後續的旅行行動。如果不十分清楚時，不可敷衍了事，一定要調查清楚確切給予答覆。

3.提供的情報要適時性

提供的情報要新鮮、正確之外，更要適時才有價值，旅客所要求的內容與提供者的說明內容，時間的配合極為重要。

㈡情報提供業務人員的態度

擔任該項工作的人員，如果本身有帶團或旅遊經驗更佳，用心調查研究，具備豐富的知識是相當重要。

不過只有豐富的知識不能稱得上是最適任，如果不能活用你的專業知識，促進旅客的旅行意願，實現產品的購買，仍然是徒勞無功。即最基本的態度是要站在旅客的立場，能夠清楚分辨他的需求。

情報提供者是公司第一線的代表人，因此他的一舉一動立刻關係到公司全體的評價，更左右公司的信用度，應特別注意，即除了豐富的專業知識之外，尚需具備下列幾項的態度：

1.親切的態度

對於到公司查詢的旅客，無論是男女老少始終保持親切態度。所謂親切具體的說：

(1)能按旅客前後順序處理。

(2)不能以服裝衣著有不同的對待。

(3)對待旅客要公平。

(4)對於不是常常出去旅遊的客人能進一步予以誘導。

按照順序處理是最根本的道理，但是或許因為旅客的行動把順序擾亂，這一點要特別加以注意。

避免從旅客的服裝衣著而有差別待遇（言詞、接待態度）。曾經有因為旅客（實際是工廠的主人）穿著油汙的工作服前來，而粗略的接待之故，失去相當多人的獎勵旅行生意機會的實例。

對待旅客公平親切的第一步，就是從站在旅客的立場產生。從事旅行業，尤其是在第一線接待旅客者，親切是足以彌補其他欠缺的良方。

旅客是不是有旅行的經驗，可以從他的詢問方法、要領等很容易加以判斷。從旅客的詢問中很快洞察旅客是否經常旅遊，能夠協助達到他旅行的需求，就是適切的接待服務，同時亦是親切的接待。又，旅客因為對旅遊生疏或預算的關係，對詢問有點猶豫時，接待者要進一步反過來把重點提出探詢，將話引導到有結論點是很必要的。這種用心就是所謂「站在旅客的立場，抓到癢處的接待」。

2.正確的資訊

不正確的接待與錯誤的資訊，會使公司的信用受損。因為不正確的情報會引起旅行上的障礙，結果使旅客受到困擾，有時更會對旅行業提出損害賠償。

不正確的情報引起的原因如：無法搭乘轉接交通工具、浪費轉乘的時間、缺少接續工具、長時間約等待、意外的交通費、住宿費等不勝枚舉。

旅行有關的信息不斷在變化，業務員特別要注意交通機關時刻的變更。繼續蒐集活的情報以充實自己的知能。又，錯誤的安排半數以上的原因，在於數字不正確，特別要注意下列各項的數字：

(1)交通運輸機構的出發與到達時間。

(2)運費的確實價錢。

(3)住宿的確實費用。

(4)乘坐交通運輸工具的月日。

(5)住宿的月日。

且提供資訊或安排這些業務時，特別加以叮嚀，盡量寫在紙條上予以說明，然後交給旅客。

「大概」或「可能」等字句的使用是不正確，亦是最危險的安排與服務，如果自己不清楚或沒有自信的事，要在請旅客諒解之後請教老前輩或上級主管，或有關機關得到正確的答案之後才予以說明，要避免因為自己的面子問題而敷衍了事。如果與有關機關探詢無法立刻得到答覆而要花點時間時，請旅客能留下聯絡的方法，等到有正確答案時以便能夠再予回答。雖然讓旅客等待在服務的立場是負面的，但是總比不正確的處理與答覆為佳。

3.迅速的處理

迅速的接待就是盡量不要讓客人等待，對於旅客不斷的質問，總是到處找資料遲遲無法回答，是不及格的業務員，且不能得到旅客的信任，平常就應該多下點功夫學習。

旅客的探詢千差萬別，不過仍然是有一定的傾向，如季節性旅遊的方向之變化一樣，質問的內容亦會隨之而變化。如夏季往歐美旅遊的意願或需求，冬季即往紐澳。可以參考歷年同期的旅客資料簡單把握其重點。

如此加以注意準備，旅客的詢問大概都可以有了概念，可以適切的答覆，唯除了一些既有的資料之外，要隨時的補充新的情報。

公司內有許多介紹資料，這些資料應為大家所共用，因此平常就該注意下述幾點：

⑴資料要放置於固定的地方。

⑵用完的資料必須放回原處。

⑶發現資料有改變的地方，自動予以訂正。經常保持資料的完全。

⑷記住資料的內容，經常使用的地方做紀錄，可以發揮團隊的效率，亦能迅速使用。

不要讓旅客久等，因為在一位旅客花太長的時間，很容易讓等待的人不耐久等而溜走，不過也絕不允許為了求快而使介紹的內容粗略。

二、導遊人員的接待服務

如果說旅行業是觀光服務業的核心，導遊人員就是旅行業接待工作的支柱，工作處在旅遊接待第一線，是整個旅遊接待工作中最積極、最典型、成敗最關鍵性的工作人員。因其對接待效果好壞產生重要的作用，故導遊人員的修養是服務品質的基礎。

㈠導遊人員應有的修養

1.卓越的才能

⑴豐富的知識：導遊工作是一項知識密集型的服務工作，具有豐富的知識，是導遊人員最起碼的條件。除了專業知識之外，更要時時充實基本知識，如政治、經濟、文化、教育、歷史、地理、藝術、建築、宗教、美學、心理學、動植學、法律、民俗等都得懂一些，所

以有人講「導遊人員首先應當是一位博學多聞的雜家」。

⑵具備說寫流利的外語能力：導遊人員接待外國旅客，要用外語來介紹和溝通，所以外語能力是最基本的條件，為了迎接大陸人士來臺觀光，有了華語導遊，雖然不需要使用外語，但是，導覽解說仍要發音標準，書寫通暢流利，這樣才能達到導遊的預期效果。

⑶靈敏的觀察能力及應變的本領：一個旅行團，人數大的有幾千人，FIT雖然是少數幾人，但是每一個人的需求與性格相異，會有不同的反應。同時在旅遊期間亦會因天候、環境上的變化，影響整個接待活動的進行，所以都得有心理上的準備；屆時，善於判斷、善於決斷、迅速及時地採取最適當之措施予以處理。

⑷清晰的表達能力：導遊業務是累積一些知識與經驗始得精進，但是知識與經驗是分散的、無系統的，需要加以歸納整理，有條不紊的解說，並清晰加以表達，才能使旅客不至於感到乏味，甚至於發生誤解。

⑸健康的體魄：導遊是一項知識密集，又是體力耗費量很大的勞動業。工作時間長、工作量繁雜且大，若沒有健康的身心是很難勝任。

2.情操修養

⑴愛國的情操：外國旅客來華，並不是對我國的社會、人民生活方式、風光習俗都是十分了解。對我國的一切感興趣，但不一定都是支持。因此，對自己的國家有深刻的了解，熱愛自己的國家，才能詳盡的解說，並以自己的熱情去感染他們，產生共鳴成為我們的好朋友。

⑵謙恭有禮：禮多人不怪，經常保持明朗、和藹、大方的態度。

瑞士名言：「The Customers are Always Right」與日本名言：「お客さまは神様でございます」兩句，可以當導遊人員的座右銘。注重禮節、和氣待人。

(3)端莊的儀態、整潔的儀容：服裝整齊、淡雅適度、儀容清潔。立如松，坐如鐘，瀟灑的儀表禮節，高雅的言詞談吐，才能贏得旅客的尊敬。

(4)誠實的態度：實事求是，言行一致，即「言必信，行必果」，才能取信於旅客。

(5)尊重自己的職業，維持莊嚴的均衡：導遊從事的雖然是項服務工作，但我們的人格、地位都是和來訪者平等，不能表現出任何自卑的情緒，這就要對自己的事業充滿信心和熱愛，言行不亢不卑，落落大方。

(6)發揮高度的敬業精神：堅守崗位，認真負責，不擅離職守。導遊人員在旅遊者心目中應當是「學者」和「教師」，要使自己名副其實，必須有不斷學習的精神，亦是敬業的表現。

3.道德修養

(1)公私分明，遵守紀律：以公司的利益為優先，憑良心與理智工作。不得利用工作之便營私，嚴格遵守導遊有關法令之規定。

(2)親切友善（Friendly）：這是導遊人員執業上最基本的修養，是導遊人員正確對待旅客的行為準則。發展觀光事業目的之一「敦睦國際友誼」，站在第一線的導遊人員，應當將服務工作中存在的冷淡、懶惰、生硬等不良行為加以克服，親切友善贏得國際友誼。

(3)富有服務熱忱（Enthusiastic）：即使重複安排的行程，絕不能因此而感到厭倦，失去敬業樂群的精神。更不可因為日久生厭，經驗的積累產生油條輕浮的行為。

要能和各類型、各種品格、年齡的人打交道，滿腔熱忱，使客人對導遊人員尊重與配合。

(4)穩重（Mature）：舉止光明磊落，言談莊重有禮，遇事不慌不忙，處事有毅力又細心。

(5)關切、體貼周到的服務（Concerned）：時刻想到旅客的處境，理解旅客的心情，讓客人感到溫馨的服務。

(6)圓通（Tactful）：避免與客人產生摩擦，進而與客人達到有效的溝通。

(7)守時（Punctual）：守時才能對整個行程控制得宜。時間，對於旅客是寶貴的，他們是花了錢才買到遊覽的時間，所以一定要遵守規定的出發時間，導遊人員更應提前到達，把握遊覽的行程。

㈡導遊人員的接待守則

1.微笑（Smile）：微笑可拉近彼此間的距離，是人際關係的潤滑劑。（A smile is a universal expression of friendship.）

2.誠懇（Sincerity）：誠懇待人，才能贏得旅客的尊重與信任。

3.做事有系統（Systematization）：處事有條不紊，具秩序化、規律化與科學化，充分的事前準備。

4.速度（Speed）：處事便捷，乾淨俐落，可提升服務品質。應培養靈敏的觀察力與及時應變的才能。

5.觀念（Sense）：累積常識與學識，判斷敏銳度，穩重有助於緊急事故的研判與處理。

6.衛生（Sanitation）：端莊的儀態，整潔的儀容，不可奇裝異服。

7.感性（Sensibility）：熱忱的態度，敬業樂業有幹勁。

8.效率（Efficiency）：做事不要拖泥帶水，準時才能不慌不亂，提高工作效率。工作要有效率只有不斷充實知識與磨練。

9.易於接受（Receptivity）：勇於接受建議、新的知識與觀念。關切遊客，尊重客人，才能被接受。

10.活力充沛（Vitality）：要有健康的體魄，充沛的活力，工作才能勝任愉快。

11.興趣（Interest）：尊重自己的職業，有敬業的精神，解說服務以旅客至上，才能讓旅客感興趣，自己才能對工作感興趣，而樂在工作中。

12.禮貌（Courtesy）：謙恭有禮，親切友善，精神愉快，細心周到，善解人意，竭誠服務。

13.平等（Equality）：不卑不亢，自尊自愛，落落大方，堂堂正正，維持莊嚴的均衡，不分親疏，平等對待旅客，圓通待人處事，一視同仁。

三、領隊人員的隨團服務

領隊人員係率領團體旅客出國旅遊，是享受愉快旅遊的領導者，從出發到回國旅程的管理者，如何使旅程圓滿完成為其首要應盡的職責。

㈠領隊人員的條件

理想的領隊應具備的條件如下：

1.優秀的解說者

旅途中，領隊人員要向團員解說的事很多，如國外旅行與生活知識；住、食、購物、意外事件之防範等不勝枚舉。如果能得當的說明，團員們能很快適應國外旅行，從開始就能度過豐富的每一天，作為領隊人員亦能很順利去服務這個團體。

向全員解說時，最好在車上用麥克風最有效。事先將重點筆記下來，即能很有技巧的進行解說。要達到這種地步，平常就要有旺盛的求知欲，蒐集豐富的資料。

在特殊的領域，團員中常常有比領隊人員更具豐富知識與經驗的人，應給對方高的評價，讚賞他、請教他。因為每一個人對肯定自己的人會喜歡他，什麼都願意教他、請教他；不但這位團員感到愉快，你亦增加知識，一舉兩得何樂而不為？

2.講話要容易聽得懂

準備豐富的材料，適時、適地、適當的對象，能適切地提出話題，這種講話的要領功夫要從平常訓練起。

拿起麥克風要讓人容易聽得懂：(1)沈著、不慌不忙的講，(2)發音清晰，(3)重點重複，(4)避免「啊」、「喔」無意義的口頭禪。

其次是講話順序分明，先把重點說明，再予補充，簡潔明瞭，多聽聽別人講話可以做參考。

領隊口才的優劣，與團員的評價關係密切，領隊是一種人才，對口才的訓練不能忽視。

3.隨時站在團員的立場著想

如果是以領隊為職業，容易產生「我時常有機會到這來玩」的想法。但是團員而言，花了旅費出遊，或許一生只有這一次。希望多玩、多聽亦想買一點紀念品回去。所以領隊人員要站在團員的立場著想，為如何滿足他們的需要而努力。

旅行會讓一個人的情感毫無保留的表現，易於產生超乎利害關係的結合，領隊與團員之間也無例外。這種普通朋友般的心情，往往超越契約職務關係的情感，所以，不能忘記站在團員的立場著想，與團員保持良好的接觸與心靈的聯繫。

4.與團員建立良好的人際關係

與自己思想接近，有魅力的異性，對其特別有好感是人之常情，但是身為領隊人員，非抑止這種個人的感情不可。

相反地，對不太合意的團員，更應積極去接近他。同時團員中聲音較大、意見較多的人要適度去對待，而一些內向不太表示意見的人，要積極去聽取他們的意見，可以取得平衡，順利執行業務。

年輕的領隊，易於和年輕的團員打成一片，使年長的團員會有一種被疏離的感覺，對領隊會產生不認真的偏見。如果對方是異性時，更應慎重。

至於時常遲到、禮節不好而影響到全隊的團員，領隊需加以注意，不過不能在大眾面前加以指責，讓他難堪，應在沒有人的時候單獨委婉向他說明，讓他了解對團體造成的困擾。行為不檢有時是無意的，只對著少數一部分人講，一定會引起不愉快，如果能在車上對著全體的旅客用說明的方式講，定有預料之上的效果。

5.保持良好的健康

領隊常常是一個人，頂多與幾位同事一齊擔負團體服務的重責。如果在旅途中生病，會帶給團員與很多人不計其數的損害。如果從國內再派領隊去代理，不但經費支出的損失，在到達現場之前，團員還要忍受很多的不便。

雖然生病還不至於倒下的程度，就算身體狀況不好，團員已有形無形受到損失，領隊人員能精神飽滿，旅行的成果必能大大的提高。

領隊人員平常就應好好鍛鍊身體，不要使小小的毛病惡化，有了痼疾就該根治，時常保持良好的健康狀態。

6.同事之間的團隊精神

兩人以上工作時，一人為首領（Chief），無論是首領或不當首領，都是同等的責任與義務，但是有必要將各自的分工予以明確畫分。

首領統一指揮團體的運作，同樣地工作亦較多，精神負擔較大，其他的人應該配合首領的方針。

而首領應信賴其他同事，重點指示之後就交給他去做，不必細節亦要管，甚至於在團員面前去責備他，不但使他失去立場，團員亦會感覺不愉快。如果有錯誤時，首領要心平氣和地加以指示，將錯誤訂正，互相尊重，彼此無悔。

7.不斷充實外語能力

領隊的工作靠外語的地方很多，與當地的海關、司機接洽、預約確認、飯店從業人員交涉等，都需要使用外語。領隊人員如果外語能力貧弱，遇到困難必定會多，被科於契約違反不利的條件時，常常啞巴吃黃連。

尤其是遇到交通機關罷工、飯店Over Booking、災害、戰亂等異常狀況發生時，領隊的外語能力更為重要；缺乏外語能力，將無法敏捷正確蒐集情報與交涉。對團體的進行或團員的安全，都會受到很大的障礙。

國人出國人數的增加，世界各地的承攬旅行社多會派有懂得中文的導遊，以為領隊不懂外語亦無所謂，這種想法是錯誤的。一旦上街，或與飯店、航空公司的經理直接談判，外語能力是不可或缺的，不懂外語亦會被當地的旅行社看不起。無論如何，英語都必須好好學習。

再理想一點，日語、法語、西班牙語能夠多少懂一點，對工作有很大的幫助。學習語言要下決心，一般的人都有這種疑問：「花那麼多時間辛苦學習外語，到底什麼時候用得到呢？」因此半途而廢。然而對領隊人員而言，今日學或許明天就用得到，有種鼓勵你愈學愈會有興趣。工作的需要所逼，與當地的人交談，發音也會流利且正確。

團員知道領隊人員與自己一樣不會外語時，會產生不信賴感；相反地，當領隊具有與當地人一樣能同樣對談的外語時，團員對領隊人員的評價會提高很多。能否使用外語，將成為領隊存在的理由。

8. 為將來的販賣促進而努力

要能讓旅客滿意，銷售好的旅程，必須不斷研究改良。雖然計畫周詳，但是實施起來，卻因預料外的當地實情，而有被迫改善的必要。理想的旅程，要累積實地經驗才有可能成立。

能提供不可缺少的資料者，除領隊之外無他。所以不只單單將行程執行，旅客真正所希望的、有興趣的，以敏銳的觀察力予以捕捉，記錄下來提出具體報告，這種態度，才是領隊最具有創造力的深層意義。

領隊亦是將來銷售推廣的最佳機會，因為領隊的努力成果，受到旅客的好評，會增加公司的再光顧旅客。在今日這種競爭激烈的時代，由於領隊的得到信任，好的口碑是推銷最好的通路。

故領隊人員要特別贏得團長的信任，或從團體當中發掘以後可能會組團的旅客，可以有新的團體出現，不但會受旅客感謝，又有穩定的顧客。

除此之外，常常有團員會諮詢下次想去的地方，這亦是推銷的難得機會。要能讓旅客滿意的說明，對公司各種行程的概要或世界各地的旅行簡介，能夠大概了解，至於詳細的內容回國後再予聯絡，鞏固銷售的成果。

㈡領隊人員提升服務品質的要件

1.顧客化（Customization）：盡最大的工作效率發揮高度的服務精神，滿足旅客的需求，才能提供完善的服務。

2.承諾（Commitment）：有效率地提供旅遊契約所訂定承諾的服務條件，以滿足旅客應得的內容。

3.專業能力（Competence）：領隊人員要有專業知識，才能掌控行程的運行，專業的服務品質才能達成任務。

4.理解力（Comprehension）：有能力洞悉顧客的需求，以提供符合需求之服務。

5.溝通（Communication）：在領隊服務過程中，都需要與航空公司、當地代理商、當地導遊、有關機關接觸，能透過良好的溝通與人際關係，是工作能順遂執行的要件。

6.同理心（Compassion）：以顧客的立場提供貼心的服務。

7.禮儀（Courtesy）：出自內心的禮貌和熱忱，使旅客覺得有被尊重的感覺，才能贏得旅客的尊敬，圓滿達成公司交付的任務。

8.冷靜（Composure）：旅途中難免會有突發事故發生，領隊人員需沈著應對，才能準確找出問題的癥結並有效解決。

9. 信心（Confidence）：對自己要充滿信心，面對問題必須圓滿解決達成任務。首先要充實你的專業知識。好品碑就是由顧客對你的信心建立起來的。

10. 決斷力（Criticalness）：遇事不驚慌失措，運用智慧做出判斷和決定，在關鍵時刻做最佳的處置。

自我評量

1. 旅行情報的三要素為何？
2. 導遊人員卓越的才能為何？
3. 導遊人員的情操修養為何？
4. 導遊人員的接待守則為何？
5. 領隊人員提升服務品質的要件為何？

參考書目

中文書目

王克捷（1988），品質的歷史觀：五位大師的理論演化，生產力雜誌，第17卷，第10期。

王居卿（1988），服務業服務品質評量準則之探討：以中美兩國銀行業比較為例，第四屆服務管理研討會論文集，國立政治大學企業管理學系。

方世榮等（1997），關係品質的探討——旅行業的實證研究，第三屆服務管理研討會論文集，國立政治大學企管系。

交通部（2002），交通政策白皮書：觀光。

李成嶽譯、Michael Leboeuf著（1998），如何永遠贏得顧客，中國生產力中心。

李良達（1998），服務高手，時報文化出版企業公司。

李茂興、蔡佩真譯，S. Balchandran著（2001），服務管理，弘智文化公司。

呂執中、田墨中（2001），國際品質管理，呂執中。

吳武忠（1999），餐旅服務品質之管理與控制，高雄餐旅學報，第2期，高雄餐旅學院。

周文賢（2003），服務業管理，國立空中大學。

林玥秀等（2000），餐館與旅館管理，國立空中大學。

林燈燦（2001），旅行業經營管理：理論與實務，品度股份有限公司。

林燈燦（2002），觀光導遊與領隊，三版三刷，五南圖書出版公司。

邵曰道（1990），親子套裝團體旅遊服務品質與滿意度之研究，中國文化大學觀光研究所碩士論文。

事務、營業、服務的品管小組（1986），服務的品質管制，品質雜誌，第5

卷，第4期。
南華大學（2002），旅遊管理研究，第2卷，第1期。
柯阿銀譯、石川馨著（1987），品質管制，三民書局。
徐士輝（1999），品質管理，三民書局。
徐士輝等譯、Dale H. Besterfield著（2002），品質管制，臺灣東華書局。
唐一寧譯、櫻井秀勳著（1996），行銷服務新論，牛頓出版公司。
唐富藏（1990），服務業發展政策與經營策略，自發行。
高清愿（1999），「團體服務，夢想昇華」服務高手，時報文化出版公司。
陳文賢等（1990），品質管制，再版，國立空中大學。
陳怡君（1995），女性消費者對觀光旅館服務品質滿意度之研究，中國文化大學觀光研究所碩士論文。
陳敦源（1999），顧客導向的省思與再突破：尋找服務的誘因結構，空大行政學報，第9期，國立空中大學。
陳耀茂譯、狩野紀昭著（1991），服務業的TQC，自發行。
陳耀茂（1996），品質管理，二刷，五南圖書出版公司。
陳麗卿（1993），乘客對空中服務滿意度之研究，中國文化大學觀光研究所碩士論文。
郭恆（1982），勞務市場學，銘傳學報，第19期。
陸華（1993），如何掌握顧客心理，滿庭芳出版社。
國立政治大學（1998），服務業管理個案，智勝文化事業。
黃已成譯、畠山芳雄著（1991），服務業的經營革新，久華工商圖書出版公司。
黃明玉（1996），航空公司服務品質評估之研究，中國文化大學觀光研究所碩士論文。
楊德輝譯、石原勝吉著（1991），服務業的品質管理（上），經濟部國貿局。
楊德輝譯、石原勝吉著（1991），服務業的品質管理（下），經濟部國貿局。
楊德輝譯（1998），旅館經營管理實務，揚智文化公司。
楊錦洲（2002），服務業品質管理，品質學會。
張百清（1994），顧客滿意萬歲，商周文化公司。
張坤厚（1986），航空營運論叢，自發行。
楊家彥（2002），服務業創新與創新服務業——臺灣產業升級的未來，臺灣經濟研究月刊，第25卷，第5期，臺灣經濟研究院。
張瑞奇（1999），航空客運與票務，揚智文化公司。
張建豪（1994），航空業國際線服務品質之實證研究：P. Z. B.模型，中國文化大學觀光研究所碩士論文。
黃已成譯、畠山芳雄著（1991），服務業的經營革新——何謂服務品質，久華工商圖書出版公司。
鄒應瑗、吳鄭重譯，Stanly Brown著（1996），全面品質服務，中國生產力中心。
經濟部商業司（2000），餐飲業經營管理實務。
趙建民（2000），餐飲品質管理，揚智文化公司。
蔡武德（2001），全面品管ISO9000系列，復文書局。
劉水深（1990），產品規劃與策略運用，自發行。
劉常勇（1991），服務品質的觀念模式，臺北市銀行月刊，第22卷，第9期。
衛南陽（1997），顧客滿意學，牛頓出版股份有限公司。
衛南陽（1998），顧客服務系統規劃，牛頓出版股份有限公司。
盧兆麟譯、山口弘明著（1993），高品位服務的祕訣，創意力文化事業公司。

盧兆麟譯、武田哲男著（1994），滿足顧客心，創意力文化事業公司。
盧淵源譯、杉本辰夫著（1986），事務、營業、服務的品質管理，中興管理顧問公司。
戴久永（1993），以客人滿意為重心：服務業經營錦囊，管理科學學會。
戴久永（1998），品質管理，增訂三版，三民書局。
戴久永審定、S. Thomas Foster著（2002），品質管理，臺灣培生教育出版股份有限公司。
謝森展譯，淺井慶三郎、清水洋著（1989），服務行銷管理，創意力文化事業公司。
謝森展（1987），服務業指南——促銷服務的規則與實施，創意力文化事業公司。
鍾朝嵩（2000），品質管理，先鋒企業管理發展中心。
簡錦川譯、古畑友三著（1991），品質管理者的五大決策，經濟部國貿局。
蕭富峰（1996），影響服務品質關鍵因素之研究——服務要素服務力之觀點，國立政治大學企管研究所碩士論文。
嚴奇峰譯、James L. Heskett著（1987），服務革命——服務業的眼界、戰略、趨勢，遠流出版公司。

日文書目

なーるほど、ザ、台灣，Vol. 181。東京：日僑文化事業股份有限公司，2002年。
二見道夫（1997），輝くホテルマンの條件。東京：實務教育出版。
小林宏（1988），ザービス学。東京：產業能率大學出版部。
山上徹（1998），國际观光マースティング。東京：白桃書局。
日本能率協會（1998），CS经营のすすめ。
矢島鈞次（1979），世界なもてなす館。東京：弘濟出版社。

石倉豐（1988），ホテルのサービ教育。東京：柴田書局。

田邊英藏（1989），サービスの法則，10版。東京：ダイヤモンド社。

佐藤公久（1992），顧客滿足度，第五版。東京：日本能率協會。

淺井慶三郎（1991），サービスのマーケティング管理。東京：同文館出版株式會社。

清水滋（1985），マーケティング機能論。東京：税務經理協會。

英文書目

A. C. Rosander (1980), Service Industry QC-The Challenge Being Met, *Quality Progress*.

A. Parasuraman, Valavie A. Zithaml & Leonard L. Berry (1985), "A Conceptual of Service Quality and Its Implications for Future Research", *Journal of Marketing*. Vol. 23, No.2, (Fall).

Christopher H. Lovelock (1991), *Service Marketing*, 2nd ed., NJ: Prentice Hall, Englewood Cliffs.

Cornell, Leonard (1984), "Quality Circles in The Service Industry", *Quality Progress*, July.

David A. Garvin (1984), "What Does'Product Quality' Really Mean?", *Sloan Management Review*, Vol. 26, No.1.

David A. Garvin (1986), "Product Quality", *Sloan Management Review*, Vol.3, No.2.

Donald M. Davidoff (2002), CONTACT, NJ: Prentice-Hall. *Career & Technology*, Prentice-Hall Inc.

Eherhard E. Scheving and William F. Christopher (1993), *The Service Quality Handbook*, American Management Association.

Feigenbaum, A. P. (1983), *Total Quality Control*, 3rd ed., NY: McGraw-Hill Book

Company.

Harwood, C. C. & Pieters, G. R., (1990) "How to Manage Quality Improvement", *Quality Progress*, Vol. 22, No.3.

Hirotaka Takeuchi, John A. Quelch (1983), "Quality is More than Marketing A Good Product", *Harvard Business Review*, July~Aug.

J. M. Juran (1986), "A Universal Approach to Managing for Quality", *Quality Progress*.

Josephine Ive (2000), *Achieving Excellence in Guest Service*, Australia: Hospitality Press Pty Ltd.

Journal of Hospitality & Tourism Education, Vol. 14, No. 1, 2002.

Journal of Hospitality & Tourism Research, Vol. 26, No.3, August 2002.

Ken Iron (1997), *The World of Superservice*, NY: Addision-Wesley.

Lovelock, C. H. (1991), *Service Marketing*, 2nd ed., NJ: Prentice-Hall International, Inc.

Mahmood A. Kham (1991), *Hotel Food and Beverage Operation*, NY: Food Products Press Inc.

Martin L. Bell (1979), *Marketing*, 3rd ed., Boston: Toughton Mifflin Co..

M. D. Fagan (1974), *A History of Engineering and Science in the Bell System the Early Years 1875~1925*, 2nd ed., NY: Bell Telephone Laboratorier.

Paul R. Timm (1998), *Customer Service*, Prentice-Hall Inc..

P. Kolter, J. Bowen and J. Makens (1999), *Marketing for Hospitality and Tourism*, 2nd ed., NY: Prentice-Hall International Inc..

Rathmell, J. M. (1996), "What is Meant by Service?" *Journal of Marketing*, Vol.30.

Robert G. Murdick, Barry Render & Robert S. Russel (1990), *Service Operations Management*, Allyu & Bacon Co..

Roland T. Rust and Richard L. Oliver (1994), *Service Quality: New Directions in Theory and Practice*, SAGE Publications.

Tom Powers & Clayton W. Barrows (2002), *Introduction to Management in the Hospitality Industry*, 7th ed., NY: John Wiley & Sons Inc..

Tourism Management, Vol.23, No.4, August 2002.

Tourism Recreation Research, Vol.27, No.2, 2002.

Valarie A. Zeithamal, A. Parasuraman & Leonard L. Berry (1990), *Delivering Quality Service*, NY: The Tree Press.

Victor P. Buell (1984), *Marketing Management: Strategic Planning Approach*, NY: McGraw-Hill Book Co..

William B. Martin (2002), *Quality Service-What Every Hospitality Manager Needs to Know*, NJ: Prentice-Hall.

國家圖書館出版品預行編目資料

服務品質管理／林燈燦著. ——二版.——
臺北市：五南圖書出版股份有限公司，
2023.04
面；　公分
ISBN 978-626-343-954-2（平裝）

1.服務業管理　2.品質管理

489.1　　　112004036

1L43　觀光系列

服務品質管理

作　　者— 林燈燦(140.1)
發 行 人— 楊榮川
總 經 理— 楊士清
總 編 輯— 楊秀麗
副總編輯— 黃惠娟
責任編輯— 陳巧慈
封面設計— 姚孝慈
出 版 者— 五南圖書出版股份有限公司
地　　址：106台北市大安區和平東路二段339號4樓
電　　話：(02)2705-5066　　傳　　真：(02)2706-6100
網　　址：https://www.wunan.com.tw
電子郵件：wunan@wunan.com.tw
劃撥帳號：01068953
戶　　名：五南圖書出版股份有限公司
法律顧問　林勝安律師
出版日期　2009年1月初版一刷
　　　　　2010年9月初版二刷
　　　　　2023年4月二版一刷
定　　價　新臺幣390元